高等职业教育茶叶生产与加工技术专业教材

黔茶加工技术

付贵生　主编

中国轻工业出版社

图书在版编目（CIP）数据

黔茶加工技术/付贵生主编 . —北京：中国轻工业
出版社，2024.1
ISBN 978-7-5184-2804-5

Ⅰ.①黔… Ⅱ.①付… Ⅲ.①茶叶—加工—贵州
Ⅳ.①TS272

中国国家版本馆 CIP 数据核字（2023）第 251683 号

责任编辑：贾　磊　　责任终审：李建华
文字编辑：吴梦芸　　责任校对：晋　洁　　封面设计：锋尚设计
策划编辑：贾　磊　　版式设计：砚祥志远　　责任监印：张　可

出版发行：中国轻工业出版社（北京鲁谷东街 5 号，邮编：100040）
印　　刷：北京君升印刷有限公司
经　　销：各地新华书店
版　　次：2024 年 1 月第 1 版第 1 次印刷
开　　本：720×1000　1/16　印张：11.5
字　　数：240 千字
书　　号：ISBN 978-7-5184-2804-5　定价：45.00 元
邮购电话：010-85119873
发行电话：010-85119832　010-85119912
网　　址：http://www.chlip.com.cn
Email：club@chlip.com.cn

本书编写人员

主 编

付贵生（ 安顺职业技术学院　安顺市民族中等职业学校 ）

副主编

王俊青（ 安顺职业技术学院 ）

参 编

李 毅（ 贵州民投沁润茶产业发展有限公司 ）
袁 文（ 安顺职业技术学院 ）
裴彦军（ 安顺职业技术学院 ）

前　言

　　《黔茶加工技术》是针对贵州茶叶加工发展的需求，依据高等职业院校茶叶生产与加工技术专业的教学标准编写的特色教材。本教材立足贵州茶叶生产的实际情况，全面介绍了贵州茶的发展历史、茶叶加工通用理论及贵州特色茶加工技术，紧贴贵州茶叶生产加工实际。在加工技术方面重点围绕贵州茶与其他地区茶的差异进行阐述，特别对贵州研发生产的特色茶加工、茶叶安全性进行了重点介绍。

　　本教材共分为七章，具体包括绪论、茶叶加工基础知识、茶叶加工初制技术、茶叶加工精制技术、茶叶再加工技术、贵州地方特色茶加工技术、茶叶质量与安全，适用于职业院校三年制茶叶生产与加工技术等专业学生和茶叶生产人员学习使用，也可作为新型职业茶农的培训教材。

　　本教材由安顺职业技术学院、安顺市民族中等职业学校付贵生任主编、安顺职业技术学院王俊青任副主编，由付贵生、王俊青统稿。教材编写人员均有丰富的教学经验和企业实践经验，对教学课程的内容设置有较好的把握。具体编写分工：第一章，第二章第一节由付贵生编写；第二章第二节，第三章第一节、第二节、第四节、第五节、第六节，第四章由王俊青编写；第三章第三节，第五章由安顺职业技术学院袁文编写；第六章由贵州民投沁润茶产业发展有限公司李毅编写；第七章由安顺职业技术学院裴彦军编写。

　　本教材的编写还得到了贵州省茶叶协会、贵州省茶文化研究会、贵州省部分茶叶企业的大力支持，编写过程中参考引用了部分茶叶加工类图书、期刊和互联网资料，在此深表谢意。

　　由于编者水平所限，加之编写时间仓促，本教材可能尚存不足之处，敬请专家、同行提出批评和修改建议。

付贵生

2023 年 7 月

目　录

第一章 绪 论

第一节 黔茶的历史

一、贵州是茶树的起源地之一

（一）发现距今百万年的茶籽化石

20 世纪 50—80 年代，贵州省茶叶专家刘其志等通过系统研究，提出了茶树起源于云贵高原，其中心地带在黔滇桂地台向穴处的论点，认为茶树原产地在云南西双版纳的说法，与地质的形成过程相矛盾。因为在第三纪早期，云贵南部尚属于地槽阶段，称滇西地槽。

研究表明，茶树在植物进化分类系统中，属于被子植物门，双子叶植物纲，山茶目，山茶科，共 23 属 380 多种。山茶科植物的最早起源，在泛大陆分裂尚未加剧的中生代中期。古生物学的研究也表明被子植物起源于中生代中期。1980 年秋，在贵州省晴隆县发现古茶籽化石（图 1-1），这块化石有三粒，从形状看很接近该地野生茶树的种子，有明显的种脐，种脐旁边有三个胚珠的印迹。刘其志等通过现场调查了解到，该地主要是三叠纪地层，从地理环境发展看，是在中上三叠纪上升形成的陆地。这一时期和侏罗纪一样，有陆相沼积紫色砂页岩沉积，还有煤层存在，说明当时植物茂盛。白垩纪时期环境干燥，沼积间断，只有晚期的燕山运动时，曾经发生一次旋扭运动，形成一系列的弧形断裂地带，才构成了今天黔西南地区的涡轮构造地形。在新生代第三纪时，气候温和，雨水较多，零星地区在这些断裂谷地或坡面留下第三纪的堆积物。这块茶籽化石在相同的三叠纪地层上堆积第三纪岩层约达 900m 的厚度。按常理，应该是先有茶树的存在，然后才可能有茶的化石的存在。由此可见，贵州茶树起源于第三纪或更早的时期，距今至少 100 万年。

图1-1 晴隆古茶籽化石

（二）野生茶树资源丰富

务川大茶树是贵州省最早的茶树资源之一，至今有1000多年的历史，曾作为制作贡茶的原料。1940年，我国著名茶叶专家李联标和叶之水曾到务川仡佬族苗族自治县考察，在原灌水区的老鹰岩发现大茶树10余棵，树高7m，叶大16cm×9cm。

20世纪40年代以来，叶之水（1940）、李联标（1941）先后对黔北地区多县进行野生茶树资源调查。中华人民共和国成立后，刘其志、林蒙嘉分别对黔南苗岭、黔西南、乌蒙山系等进行补充调查，并发现野生和半野生茶树。贵州野生茶树主要分布在渝黔、黔滇、黔桂的交界地区，包括黔南、黔西南、黔北等14个县市，发现各类野生茶树资源30多个生态类型，海拔在1000~1900m。其群体种主要有龙头山大树茶、兴仁大苦茶、普安白茶、普安黑茶、普安青山大树茶、普安阳山大树茶、盘州市大苦茶、晴隆红瘤果茶、独山高树茶、三都高树茶、丹寨雅灰茶、黎平老山界茶等，主要分布在北纬25°~27°和东经104°~110°，包括雷公山、武陵山、乌蒙山、大娄山地带，形成了东北到西南的带形屏障，多生于高大乔木之下，也有生于灌木、茅草、竹类植物之间。这些野生茶树不仅具有研究茶树起源、演化、遗传等方面的重要学术价值，同时还是获得优异茶树新品种的重要途径。

1984年，林蒙嘉等发现务川大树茶属乔木型大叶类，树高一般4~7m，树株高大，发芽期早，持嫩期长，芽叶壮实，分支较密，产量较高，制成绿茶品质好，外形条索壮实，汤色黄绿，香气浓郁，叶底肥厚嫩软，是较原始的大树茶良种。后来又在铜仁市的沿河自治县发现三棵古茶树，树龄均在1000年以上，同时尚有人工栽培的古茶树群，也都有500多年的历史。

2008年，田永辉等在《贵州野生茶树资源的地理分布与生态型》一文中指出，野生茶树是原始茶树的后代，对野生茶树的研究在探讨茶树的起源、演化、系统分类、地理分布、遗传变异金额开发利用方面有着重要的意义。

我国农学家吴觉农指出："中国是世界茶树的祖国，还可以从我国很多地方所发现的野生茶树得到进一步证明。"同时，他还进一步指出："发现野生茶树的地方，不一定都是茶树的发源地。追溯茶的起源，除了研究栽培茶树的历史以外，还须探索茶树植物在地球上发生发展的历史。"

二、茶在古代贵州发展的技术进程

（一）古黔濮苗，贵州茶叶开拓者

1. 上古时期贵州古人类就认识了茶

贵州高原海拔高、纬度低，气候温和，很适宜各种生物的生长，包括古人类的生存和繁衍。大量的天然溶洞，为古人类提供了良好的栖息场所；多种动植物资源，为古人类提供了丰富的食物；大面积碳酸盐岩出露，为古人类打制各种石器提供了条件。这些古人类，与早在 100 万年前就已大面积生长的茶树同存，他们在漫长的岁月里逐渐对茶有了初步的了解。

2. 古黔濮苗利用茶叶的历史悠久

关于贵州茶叶、茶事及产地记载应在晋以前，开始的时间可以追溯到公元前 110 多年的汉代，间接史料记载应在 5000 多年以前。《贵州古代史》中提出，夜郎时期古黔濮人之间已经出现茶叶商品交换。苗族生活在茶区，又是最早利用蒸煮技术的民族，茶叶加工与蒸煮被他们有机地结合到一起。优越的茶树生态环境，以及发达的农业生产水平，均促进苗族在制茶工艺上获得突破性发展。

古黔先后出现的濮、苗两大民族，都有悠久的历史，他们不仅开拓了当时早期的史前文化和农业生产，而且在茶叶利用和加工、栽培方面，都曾做出过突出的贡献。贵州不仅是茶树原产地的中心，同时也是在茶叶利用、饮用、商品化、人工栽培等方面出现最早的地区之一。

（二）唐宋时期黔茶优异品质的确认

1. 贵州的民间饮茶方式

贵州是个多民族的山地内陆省，各民族至今还保留着古老而独特的饮茶习俗。黔西北高寒山区威宁、毕节、赫章、纳雍、大方等地的彝族同胞，从古到今沿袭着吃"罐罐茶"的习俗。用一种特制的沙罐（约鹅蛋大），先用煤火烧一下，将其烤烫，把茶放入，慢慢地边炒边抖，待有微烟，再把烧开的水倒入罐中，"滋"的一声，一股茶香扑鼻而来，倒出浓浓酽茶，即成罐罐茶。黔东南州侗族地区的油茶、黔西南州苗族地区的擂茶、黔北地区仡佬族的"油茶三汤"、黔东北沿河土家族地区的"煨罐茶"等，都是独具特色的饮茶方法。

2. 唐代茶叶利用的滥觞

唐朝的上层社会，为了满足皇家和官员们的饮茶需要，采取了官焙和民贡的方式。唐代的饮茶时尚风靡全国大江南北以及边疆少数民族地区，在宫廷内，茶道也非常流行，需茶量不断增多。此外，还限清明到京，谓之急程茶。仅仅这一渠道，仍不能满足皇家和官员们的需要，于是皇帝要求各地进贡。公元 620 年，唐高祖钦点庐江郡，即今安徽合肥、六安一带进贡"庐州茶"。次年又扩大进贡范围，增加四个郡，即蕲春郡、义阳郡、吴兴郡、鄱阳郡。公元 623 年，又增加长乐郡，624 年再增新定郡，691 年增灵溪郡，757 年增汉阳郡。之后逐渐扩大到 10 余州。贡茶制度一直延续着，据宋代《宣和北苑贡茶录》和《北苑别录》记载的建州北苑贡茶就有雪英、云叶、玉华、无疆寿龙、瑞云翔龙、雀舌鹰爪、万泰银芽等 59 种品目。这期间，西南地区也被纳入贡茶区域。今云南的五果茶、四川的沙坪茶、贵州的都濡月兔茶等也被作为贡茶。公元 770 年，皇家在浙江、江苏一带设置了贡茶院，茶厂 30 间，役工 3 万人，工匠千余人，岁选紫笋茶，每年多达 5000kg 以上。

除了贡茶之外，唐代还曾经实施过税茶。为了解决安史之乱后国家财政的困境，公元 780 年，德宗皇帝采用户部侍郎赵赞建议："税天下茶、漆、竹、木，十取一，以为常平本钱。"当即实施茶税。由于当时茶税不算重，因此尚未影响到茶叶生产的发展。

3. 宋代茶业流通的改革

经五代十国到了宋代（960—1279），茶的消费日益普遍，茶已成为人们的生活必需品。公元 984 年之后的 70 多年里，茶法曾经过大小十余次修改，到 1059 年，宋仁宗下诏废止，改行《通商法》，即把原来政府的茶课收入均摊在种茶园户身上，园户交了"租钱"以后，可以自由卖茶，商人贩卖，政府则征收商税。这一办法，使园户负担减少了一半，另一半则由商户承担，而政府收入基本持衡，在客观上促进了茶叶经济的发展。

实行《通商法》十多年后，西南地区包括今贵州的大部分地区开始了垄断茶马交易。政府低价收购，与边疆换马，以解决战马之不足，但茶农利益受损，种茶无法得利，从而阻碍了茶叶经济的发展。

4. 黔茶品质在唐宋元时期的确认

唐宋时期，贵州尚未建省，其地域分属邻边各道各路。唐代茶圣陆羽在世界第一部茶叶专著《茶经》中，有一段关于黔茶的述说："黔中，生思州、播州、费州、夷州。"又说："往往得之，其味极佳。"这里说的是黔茶"其味极佳"，这是对黔茶优良品质最早的有文字可考的认定。据《全蜀艺文志》记载，宋代著名文人黄庭坚（1045—1105）答从圣使君云："此邦茶乃可饮。但去城或数日，土人不善制度，焙多带烟耳，不然亦殊佳。今往黔州得都濡月兔两饼，施州入香六饼，试将焙碾尝。都濡在刘氏时贡炮也，味殊厚。"黄庭坚在近1000年前对黔茶的评价，还是比较符合实际的，他一方面肯定了黔茶的本质品味好，同时也指出当时由于不善焙制，有的成茶带有烟气，降低了黔茶品质。

元代画家赵孟頫有幅《斗茶图》，主要描绘宋元时期民间斗茶风习。这一风习，在黔中道一带也曾盛行。

（三）明清时期黔茶生产和贸易的发展

贵州是古老的茶区，早在春秋战国前就有茶叶的明确产地，秦汉有了全国较早的茶叶初级市场，唐代有"往往得之"的好茶，宋代有纳贡之茶。但生产和贸易的发展应该是明清时期。明洪武五年（1372），废去元代设置的"八番顺元等处军民宣慰司"，恢复"贵州"名称，设置贵州宣慰司，并将贵州等处长官司改为贵竹长官司，设立军事机构贵州卫，后进一步置贵州都指挥司作为区域性军事机构。茶叶在此时方普遍种植，并成为农家副业之一。

因茶叶生产增加和流通扩展，明政权始在贵州置榷茶法、设茶马市，"官茶储边易马""茶商给引征课"。

明正统四年（1439年）革四川播州宣慰司茶仓，其茶折钞，储本司永丰仓。此时的播州尚属四川省，辖今贵州遵义、桐梓、正安、绥阳、赤水、仁怀等地。

清代张廷玉撰《明史》（1739年）也进一步记述证实："先是，洪武末，置成都、重庆、保宁、播州茶仓四所，令商人纳米中茶。""贵州皆徵钞。""其上供茶""太祖以其劳民罢造，惟令采茶芽以进，复上供户五百家。凡贡茶，第按额以供，不具载。"康熙三十一年（1692）《贵州通志》亦载："税课明代。程番府，茶芽、折钞八二一贯。"程番府是明代隆庆三年（1569）置治所在今贵阳市，辖今贵阳市及开阳、惠水、长顺、修文、息烽、贵定、龙里、罗甸等县地。此处茶叶统购数量就达992.6担（1担=50kg）。以后又在茶叶重点产区的龙坊（江口县）建立衙门，设置关卡，实行茶叶统购，茶由政府运往西北陕甘边境换马；同时也在石阡、镇远等地设茶仓和关卡。但在茶叶分散地区则管理较松。

明统治者为从贵州补充马匹，在乌撒（今威宁彝族回族苗族自治县）增设茶马市。明洪武十七年（1384）规定：每年从乌撒市马6500匹，每匹给布三匹，茶或盐一斤（约500g）。又在广西置庆远裕民司，专以广西茶市八番（今罗甸等地）的马匹。

黔茶以质量好而闻名并销往外地。全省统购数量不下2000担，若加上未有文字记载和自卖的数量不会少于5000担。贡茶，当时称"茶芽"，即现在的毛尖，仅贵阳一处就有约30kg，尚未包括播州等地的数量。

清代的贵州疆域四边界线比明朝更为完整。雍正六年（1728年），把四川省的遵义府、湖南省的天柱县、广西壮族自治区的荔波县划拨归属贵州，形成今贵州省的行政区划。清政府为加强对贵州的统治，在茶叶上也进一步开展统购。同时，因资本主义侵入，农产品商品化，促使茶叶有较快发展。

清政府继续明代的"官茶储边易马"制度，验引截角征税。按茶税折算，仅遵义府茶叶流通量就在3270担，尚未包括茶芽进贡量，加之茶引征税课折算茶叶2289担，全省茶叶统购量在5560担左右。由于商品经济的发展，贵州茶叶在清代已成为全国主产区之一。茶叶产销由贵阳、遵义扩展到黔南、安顺、黔东南、铜仁、毕节等地，并出现多个名茶，如安顺丛茶和毛尖茶、贵定和遵义云雾茶、务川高树茶、仁怀饼茶、香炉山茶、晏茶等。上到滇黔、下通川楚，凡茶都纳税课。此外，贵阳、遵义、安顺、兴义等地是全省贸易中心，茶叶贸易也有所发展，流通量达1万担。

三、黔茶近代发展的技术进程

中华人民共和国成立前，贵州茶叶多系自给性生产，茶园建设零星分散，产量不大，商品率很低，品种和质量没有统一的标准，采用土法手工加工，对茶叶外观不讲究。产量缺乏精确的统计，历次估计数量悬殊，相差很大，从数千担到数万担不等。销售方式多为茶农在乡场上赶场时自行兜售，更无包装可言。售茶时，习惯于用竹篾、竹篮等散装，质量得不到确保。抗日战争时期，中国茶叶公司曾经在贵阳设立过营业处，并在安顺等地设立门市部，一方面运输外省茶叶来黔销售，一方面推销湄潭茶叶试验场所生产的茶叶。自1940年以来，一面种植茶叶，进行茶叶科学实验，谋求提高产量质量，一面收购湄潭县附近农村鲜叶试制各种名茶，但规模不大。据统计，1940—1942年三年的时间，仅产湄红、湄绿、龙井、黔绿等成品茶叶454kg，商品量极其有限。

（一）抗战期间浙江大学西迁湄潭

黔茶品质的大幅度提高和在茶叶科研上取得突破性的发展，与浙江大学抗战期间西迁湄潭七年（1940—1946）和"民国农林部"所属中央实验所及中国茶叶公司合办湄潭实验茶场，开展茶业科研工作息息相关。

1937年，日本发动全面侵华战争，华东、华南相继沦陷，中国传统的茶、丝出口受阻。为建立战略后方茶叶科研和出口基地，"民国经济部"派遣所属的中农所和中茶公司茶叶专家张天福、李联标等，于1939年9月抵达贵州湄潭，筹建实验场地。在当时抗战十分艰难、贵州又较贫困的条件下，在贵州创建了西南第一所茶叶科学研究机构，对贵州实为难得的机遇。就在这种艰难的环境下，刘淦芝先生奉命出任湄潭实验场首任场长，该场于1940年1月20日在贵州湄潭正式成立。

（二）抗战期间黔茶技术发展的技术进程

1. 品种选育

在全国人民奋起抗战的艰难岁月里，在条件极其恶劣的情况下，老一辈茶叶科技工作者怀着一腔爱国热情，依然矢志不移、兢兢业业从事茶叶科学研究。

筹建初期，李联标拟定了一个"全国茶树品种与鉴定"的研究项目。研究的目的有三：一为研究全国各地茶种在湄潭环境条件下的生长适应性；二为了解我国茶树品种的区域分布状况；三为今后茶树育种的原始材料。从 1939 年开始征集到 1948 年的 10 年间，总计发出征集信件千余封，实际收到各地寄来茶种达 270 个，分布全国 13 个省区，经过播种育苗，出土定植成活的茶种达 163 个，共有 8000 余个植株。

李联标于 1944 年赴美留学，继由徐国桢主持此项工作。直到 1946 年后，由刘其志负责完成本项研究项目。李联标在出国之前，写成了《茶树育种问题之研究》。他亲手进行了 50 个单株选种的观察记载，同时还对今后茶树杂交育种技术进行了预备实验。

在结合品种无性繁殖方法研究方面，1942—1945 年间，由陈汝基主持做了茶树扦插繁殖方法种类与时间以及土壤场所等试验。扦插种类分叶插、叶芽插、短枝插、长枝插等。结果以短枝插最好，时间以夏季扦插较好，土壤以填心土最优。还做了压条繁殖切皮与不切皮压条等研究。

2. 茶叶栽种

茶产调查开始于 1940 年 9 月，参加人员有李联标、沈莘先、徐国桢、李成章、曹景熹等，另有浙江大学农经系学生张逊言、谭延权二人，还有浙江大学农经系男女实习生五人，由刘淦芝场长亲自指导，梁应椿顾问随时评点纠偏。

3. 茶叶加工制茶工艺

这段时期，制茶科技工作以适宜茶类的试制、引进制茶工艺、试制新产品为重点。试制工夫红茶和全炒青、半烘炒、烘青等制法的绿茶，引进龙井茶制造工艺，试生产龙井。经过几年的努力，先后生产出"湄红""湄绿"两个外销产品和少量仿龙井茶，后改名为湄江茶。同时还试制乌龙茶、桂花茶、沱茶，乌龙茶因茶树品种不适宜，制成的品质与福建乌龙茶相差太大而未成，沱茶也因滋味不够浓强和芽毫显露的大叶种拼配导致品质不佳而停止。虽然摸索出了桂花茶较佳的窨制方法和适宜的配花量，也制出了产品进入市场，但由于每年产量不多、宣传不力，尽管有几年的销售历史，最后以难以站稳市场而告终。在应用科学的研究方面，对西南大量生产的紧压茶，以发酵为核心研究了青砖茶制作过程中水分变迁及适宜温度、湿度的要求，以及青砖茶制造过程中揉捻质量的变迁及意义。

4. 化验分析

首次在贵州开展茶叶生化成分和茶园土壤的分析测定工作。在中央实验茶场《茶情》第十二期（1941）油印本中记有一段："湄潭单宁含量之测定：采样地点，湄潭本场相子坡茶园。采样标准，一芽二叶。采样日期，民国三十年四月十二日。分析者：浙大农化系白汉熙。"

5. 茶树保护

张其生所辑资料说明，浙江大学最早在湄潭乃至贵州开展茶树病虫害种类的调查研究，为贵州茶树病虫害研究打下了良好的基础。刘淦芝在《湄潭茶树害虫初步调查》中提到，对湄潭茶树害虫做了初步调查。

浙江大学在西迁湄潭后的 7 年中，做了大量茶叶科研工作，不仅对湄潭的历史、经济和文化的发展产生了重大的影响，也促进了湄潭茶业的健康发展，并且对贵州高原的茶业和茶文化以及贵州早期的茶叶科学技术活动都起到了积极的促进作用。

第二节　黔茶的现状

一、新中国成立后黔茶的发展

（一）国民经济恢复期贵州茶业复苏（1949—1952）

1950 年 5 月，建立了中国土产公司贵州分公司，将茶叶业务划为土产公司经营。由于机构初建，到年终仅收茶叶 72 担。1951 年 3 月，中国土产公司贵州分公司业务扩大，当年茶叶收购量增加至 2257 担，增长近 30 倍。茶叶产量、收购量的增加，进而为其拓展省内外及出口销路逐步创造了条件。

随着茶叶生产的恢复和逐步发展，内销和出口量都有所增加，中华人民共和国成立初期，茶叶的滞销局面在两三年后即转为供不应求。中央人民政府贸易部、农林部鉴于业务日趋发展，生产和贸易由中国茶叶公司担负，已经不能适应产销发展的需要，要求贵州各地将产、销划归两个部门加强领导，互相配合推进。

（二）"一五"建机构，革新促发展（1953—1957）

经过三年经济恢复时期，贵州茶叶开始步入发展轨道。1952 年 12 月，贵州省商业厅决定筹建茶叶经营机构，并报请对外贸易部批准，建立了中国茶叶公司贵州办事处。

1954 年 10 月，又建立了中国茶叶公司贵州遵义办事处。1955 年，撤销大行政区机构后，又改为中央直辖各省，中国茶叶公司西南分公司随之撤销，接着又在安顺镇远分别建立了营业处。贵州办事处也于这一年升格为中国茶叶公司贵州分公司。

1952 年起，中国茶叶公司西南分公司和湄潭桐茶实验场抽调茶叶技术人员，在主要茶叶生产区的仁怀、湄潭、赤水、安顺、石阡、镇远等县建立茶叶技术指导站，1953 年初又成立了中国茶叶公司贵州办事处，并在上述六县设立了茶叶直属收购站。从这以后，农业和商业部门相互密切协作，为发展茶叶生产，提高茶叶品质、改进茶叶初制工艺，革新制茶工具等积极开展各项工作。

（三）"二五"期间黔茶时起时落（1958—1962）

20 世纪 50 年代末到 60 年代初，茶叶经营业务机构几经调整变动较大，1958 年 2 月，贵州省供销社设立茶棉处，主管茶叶和棉花的经营管理业务。当年夏季又将茶棉处与烟麻处合并，改建为贵州省商业厅农产品贸易处。1961年，机构重新细分，恢复省外贸局。贵州省供销社建制，茶叶业务又划归新组建的中国茶叶土产进出口公司贵州分公司经营，隶属于贵州省对外经贸局。

1958 年 3 月，在杭州召开的全国茶叶生产工作会议上，提出要求到 1962年全国茶叶总产量要达到 760 担，跃居世界第一位。

1959 年，贵阳茶厂以炒青茶为原料，参照安徽"舒绿"标准生产的"黔绿"获得成功，并出口苏联，是贵州开始建立茶叶品牌的开端。1960 年 5 月，遵照商业部茶叶局《关于茶叶加工标准样换配及制订管理办法》的规定，贵州省商业厅农产品贸易局在贵阳召开了"贵州 1960 年外销茶加工标准样制样座谈会"，经过通报情况，进行协商调整，首次制定了"黔红""黔绿"的加工标准样茶，从此，贵州的"黔红""黔绿"产品正式问世。

为了提高贵州省制茶机械化的水平，1961 年秋天，有关部门从浙江省嵊州县购进"58"型铁木结构揉茶机的铁质部件计 45 台（套），在贵州省茶区自行装配使用，这是贵州省首次大规模引进制茶机械。

（四）调整时期，黔茶产销平稳过渡（1963—1965）

当时主管茶叶经营的外贸部门，在调整经济过程中，开展了以改善经营管理为中心的增产节约运动，强调"数量质量并举，重质先于重量"的原则，要求做到及时采制，快收、快调、快加工、多出口、多创汇。全省劳动系统从1962 年起，在经营上，由烤烟、甜菜、水果为主的经营模式逐步转到以生产茶叶为中心。

（五）黔茶曲折发展（1966—1976）

1965 年贵州省茶园面积已经比经济困难时期的 1962 年增加了 126%，生产量增加 40%，收购量增加 80%，茶叶产销均出现发展的势头。1966 年开始，全省茶叶产销受到干扰和破坏，茶园面积、产量、收购量连续下降，1969 年比 1965 年下降幅度均在 1/3 以上。

（六）黔茶在改革中谋求发展（1977—1985）

贵州省通过发展边销茶促进民族团结、组建和发展国营市场、评审推荐名茶等促进茶产业发展。

（七）黔茶走向市场，积极应对挑战（1986—1999）

1. 产供销同步增长的喜人局面

贵州茶叶在经历了 20 世纪 50 年代稳步发展、60 年代几度徘徊、70 年代重点扩大面积之后，为了确保茶叶持续发展，贵州深入贯彻党的十一届三中全会精神，调整茶叶生产政策，改革流通体制，进一步解放生产力，使贵州茶叶生产初具规模产、供、销同步增长。

2. 抓产品质量提高，增强市场竞争力

贵州省积极解决茶树良种供应问题、开展"蓬心土壤"等研究、改革茶区制茶工艺、加强科技推广与名茶开发、评审等工作以增强市场竞争力。

（八）21 世纪之初，黔茶走出低谷，步入发展快车道（2000—2005）

进入 21 世纪，随着人们生活水平的提高，茶叶市场复苏，各地利用扶贫、农业综合开发、水土保持和退耕还林等项目发展了一大批茶园。贵州具有独特的气候和丰富的生物资源，而且大多数农村山乡环境无污染或污染较轻，贵州不仅种茶历史悠久，而且茶叶品质优良，开发的名优茶较多。到 2007 年，贵州已经有全国无公害有机茶生产基地县 3 个。

贵州茶叶企业拥有各类机械 1 万余台，初加工能力 1.8 万吨，其中年加工能力上千吨的企业 7 个，上百吨的企业 18 个；精加工能力 1 万吨。

二、贵州茶产业近年发展情况

2007 年，贵州省委、省政府出台了《中共贵州省委、贵州省人民政府关于加快茶产业发展的意见》（黔党发〔2007〕6 号）文件，有力地促进了贵州茶产业大发展、大提高。贵州在中国创造了一系列"奇迹"：短短 10 余年时间，以贵州铜仁、遵义为核心的武陵山区已成为中国绿茶新的金三角，贵州茶将发展成为中国茶原料中心、加工中心和出口中心。茶产业已成为贵州支柱产业之一，更成为脱贫攻坚的重要的富民产业之一。2018 年，贵州省注册茶叶加工企业及合作社达到 4990 家。茶产业从业人员 400 万人，茶产业带动 45.2 万贫困户人口就业，助力 13.7 万人成功脱贫。茶叶已成为仅次于白酒、烤烟的贵州第三大出口食品。据贵阳海关统计数据显示：2018 年贵阳海关共检验检疫出口茶叶 2834.6 吨、货值 6200.2 万美元，茶叶出口国家从传统的中东向北欧、东南亚、北美转移，茶叶出口产品类型以绿茶、红茶和黑茶为主。贵州得天独厚的自然地理条件和生态优势，吸引了许多国际、国内大型企业纷纷前来抢滩发展茶产业。

2019 年贵州省提出"干净黔茶・全球共享"，做最优秀、最生态、最安全的黔茶，以茶助脱贫、以茶促增收、以茶保生态。贵州目前已成为全国茶叶种植面积最大的省份，贵州茶产业的发展史，是贵州人冲出困境、改变现状、不甘落后、敢为人先的创业史，也是贵州人兼容并包、敬畏自然、不忘初心的传承史。

贵州省委明确将茶产业列入 12 个特色优势产业，省农村产业革命茶产业发展领导小组编制《贵州省"十四五"茶产业发展规划（2021—2025 年）》，推动贵州茶产业稳步发展。

第三节　黔茶的发展前景

一、黔茶产业的发展优势

（一）贵州省发展茶产业的自然优势

1. 种质资源丰富

贵州野生的古茶树比比皆是。贵州省茶叶研究所已收集整理 400 多个种质资源材料，包括黎平、普定、沿河等县发现较多的大茶树及贵州省地方群体品种、栽培品种、新育成品种（品系）以及各种突变体、稀有种和近缘野生种等，并育成 7 个国家级和地方优良茶树品种、开发出上百种不同的茶叶品种种类及各地具有独特的地方名茶，结合茶文化、茶旅游等促进了贵州茶产业的发展。

2. 气候条件适宜

贵州的气候、地理条件十分多样，生态环境好，具有亚热带高原季风湿润气候的特点，属高海拔低纬度地区，雨量充沛、晴天多云、散射光和漫射光多，特别适合喜阴、喜湿茶树的生长。贵州有 47 余万公顷非耕地待开发，土壤多为酸性黄壤，肥力适中，有机质含量较高，富含多种有益微量元素，非常适宜于茶树的生长和优质茶叶的形成。

（二）贵州发展茶产业的原料优势

1. 黔茶内含物质丰富

黔茶茶叶产品内含物丰富，品质优异，其中游离氨基酸和水浸出物两大指标尤为突出，因此黔茶具有香高馥郁、鲜爽醇厚、汤色明亮的独特品质，国内素有"味精茶"之美誉。据 2006 年省农产品质量检验检测中心对 53 家企业 83 只黔茶样品检测，水浸出物、氨基酸、茶多酚分别为 42.6%～45.3%、3.1%～3.8%、26.8%～32.3%，全省平均值分别为 43.5%、3.5%、29.9%。水浸出物最低值也高出国家标准（34%）8.6 个百分点，最高值高出国家标准 11.3 个百分点。

2. 贵州茶叶开园早，采摘期长，具有低成本竞争优势

低纬度形成的亚热带气候使贵州高山茶园（图 1-2）的开园时间处于四川和江苏、浙江之间。贵州茶开园时间在 2 月初，主要集中在 3 月中上旬，其中春季名茶采摘期 40～80 天，封园时间一般在 10 月底，采摘期可达 8 个月，较长的采摘期为发展茶产业提供了有利条件。

图 1-2 贵州高山茶园

（三）黔茶产业发展的政策和人力优势

1. 贵州发展茶业的基础政策环境好

贵州省委、省政府高度重视茶产业发展，从 2007 年起，省级财政明确 3000 万元茶产业专项资金，规划建设黔北富锌（硒）优质绿茶产业带、黔中高档名优绿茶产业带、黔东南优质出口绿茶产业带、黔西南早生绿茶和花茶坯产业带、黔西北"高山"有机绿茶产业带等五大优势茶业产业带。

作为贵州省重点打造的 5 张名片之一，为了推动茶产业的快速发展，2013年底，贵州省委、省政府出台《贵州茶产业三年行动计划（2014—2016）》（黔府发〔2014〕19 号），提出了品牌培育、市场拓展、加工升级等八项行动，全产业链推进贵州茶产业升级。

2018 年，贵州省委、省政府在总结 2007 年以来贵州省茶产业发展取得阶段性成就的基础上，审时度势，出台了黔党发〔2018〕22 号文件《关于建设茶业强省的实施意见》。

2. 贵州劳动力资源富集

贵州是劳动力输出省份之一，为茶业这个劳动密集型产业的发展储备了丰富的劳动力资源。茶产业中劳动力工资占茶叶生产成本的 40%～50%，贵州农村劳动力价格比江苏、浙江等中东部地区低 60% 左右。同时，贵州具有"水火并举，水火互济"的能源优势，是国家"西电东送"战略实施和南方重要能源基地。贵州劳动力资源和能源资源富集，具有明显的低成本竞争优势。

二、发展黔茶的巨大潜力

（一）贵州野生乔木大茶树与灌木茶树资源丰富

贵州因自然地理条件的特殊性，茶树资源分布范围广，遗传多样性丰富，特异性茶树资源较多，被誉为茶树种质资源的宝库。据贵州各地普查数据显示，贵州茶叶主产县均发现了古茶树（如普安县、纳雍县和习水县），有些地方发现非常罕见的连片群落古茶树园如金沙县清池镇、花溪县久安乡、水城县蟠龙镇。据不完全统计，贵州古茶树达 65.5394 万株。贵州古茶树具有全乔木型、半乔木型、灌木型等多种古茶树类别，种类丰富。另外，贵州也是唯一被发现拥有茶籽化石的省份，这些古茶树资源为贵州茶产业的发展提供了宝贵的资源和坚实的基础。

（二）贵州茶叶鲜叶品质优良

贵州省地理条件优越，处于北纬 24°37′～29°13′，平均海拔 1107m，属于低纬度、高海拔、寡日照的自然环境，气温、雨量、相对湿度等极其适合茶叶的种植与生长。由于贵州省茶园主要分布在自然生态环境保存较为良好、植被覆盖率高、水土保持较为良好的区域，土壤中微量元素含量较高，使黔茶拥有绿色、有机、无公害的优势。贵州喀斯特地貌特征与气候特征对茶树光合作用和茶叶氨基酸、水浸出物等物质的积累具有有利作用，使黔茶具有鲜爽、耐泡等特点。因此说"高山云雾出好茶"正是黔茶的真实写照，贵州茶叶具有嫩、鲜、香、浓醇四个优良品质。

（三）黔茶产业发展所需的交通条件优异

长期以来，贵州省委、省政府一直高度重视交通发展，按照"交通引领经济"的理念，始终把交通基础设施建设摆在全省经济社会发展的重要位置常抓不懈，并于 2008 年明确提出实施"交通优先发展战略"，尤其是党的十八大以来，在以习近平同志为核心的党中央坚强领导和前所未有的大力支持下，贵州以国发〔2012〕2 号文件定位的"打造西南重要陆路交通枢纽"为引领，相继打出了"铁路建设大会战""高速公路水运建设三年会战""'四在农家·美丽乡村'基础设施建设——小康路行动计划""农村公路建设三年会战""农村'组组通'公路建设三年大决战"等一系列加快交通建设的"组合拳"，交通基础设施建设跑出了"贵州速度"，全省交通发生了翻天覆地的变化，构建起了集水陆空于一体的综合交通体系，成为全省经济增速连续多年保持全国前列的强有力支撑。

第四节　本书学习目标、内容及学习方法

一、学习目标

黔茶加工技术是黔茶产业中一门技术性、实践性很强的核心主干课程，是发展茶叶生产的一门应用科学。该课程主要讲授鲜叶性状的内在依据和制茶技术的外在条件与产品质量的转化规律，讲授茶叶加工原理、加工工艺、加工方法及相关技术，黔茶产业发展和贵州特色茶生产加工等。通过本课程各教学环节，要求学员掌握从事茶叶生产与加工职业岗位工作所必须具备的制茶基本知识、基本原理和基本技能；能合理运用所学知识和技能，提高制茶品质，降低茶叶加工成本；使学生在茶叶加工实践中具备发现问题、分析问题和解决问题的能力；学会主要茶类制造，能独立指导和组织茶叶加工生产，能总结和推广先进制茶技术，指导茶叶的产业化经营和标准化、无公害生产，为实现茶业高产、优质、高效服务；了解国内外制茶科学技术动向。因此，本课程承担着培养茶学专业高级实用型技能人才和提高茶叶生产技术水平的双重任务。

本课程的教学目标：使学员具备茶学专业实用型专门技术人才所必需的茶叶加工的基本知识、基本原理和基本技能，能发现、分析和解决茶叶加工中出现的问题。

二、学习内容

本教材的主要内容是各种茶叶加工原理、加工工艺、加工方法及相关技

术，茶叶深加工原理及技术等，重点是绿茶（含名优绿茶）及花茶加工的原理、工艺及相关技术，尤其是茶叶加工的新技术、新方法和新理论。

三、学习方法

（一）运用多种形式，理论结合实践，工学交替全面学习

1. 教学实习

通过六大茶类和典型茶叶品类的加工及茶叶审评实习，使学生初步了解六大茶类的基本制作过程和典型名优茶的制作方法，使学生建立茶叶加工工艺和加工技术的感性认识，锻炼学生茶叶加工的实际操作技能，为今后的课堂理论教学和生产实习奠定基础。

2. 课堂理论教学

课堂理论教学包括课堂讲授和课堂讨论，讲授内容主要是教材中各章节的重点理论和制茶科学新成就、新发展，突出重点、难点、疑点讲深讲透，并注意与制茶机械、茶叶化学、茶叶审评和检验以及其他专业基础课的衔接，注意联系生产实践。并引导学生通过课堂理论学习和查阅茶叶加工相关资料，自选专题，综合归纳，写成有资料、有内容、有综合分析、条理性好、合乎逻辑的课程论文。其目标是使学生掌握茶叶加工的基本原理、加工工艺、加工方法及相关技术，了解茶叶加工的最新进展和动态。

（二）探索技术创新，开展茶叶加工研究

茶叶加工技术是依照技术上的先进、经济上的合理原则，研究茶叶加工原料、茶鲜叶初加工、精加工过程和方法的一门应用性学科。它和其他食品加工一样，有与本专业相关的学科，如茶树栽培、茶树良种繁育、茶叶生物化学、茶叶机械、茶叶审评与检验等，甚至还需要某些社会科学作为基础才能开展自身的研究工作。

技术先进有两层含义：一是工艺先进，二是设备先进。在工艺先进方面，要了解和掌握原料品质和初、精加工的工艺技术参数对茶叶品质的影响，也就是掌握外界条件和加工中的物理、化学、生物等方面的变化关系。这就需要牢固地掌握物理、化学和生物学等方面的知识，特别是热力学、电学、茶叶生物化学、微生物学的基础知识，将其与加工过程中所发生的变化和合理的技术参数的控制联系在一起，达到控制的最佳水平。设备先进包括设备自身的先进和工艺水平相适应的程度，通过对先进设备性能的了解，制订与先进设备相适应的工艺技术，这就必须掌握茶叶机械原理等知识。总之，要达到技术先进，需要有许多学科的基础，这是本学科学习的必备条件。

经济合理是指投入与产出之间的合理比例关系，如茶叶精加工，毛茶原料品质千差万别，毛茶进厂与成品出厂期间的经济效益，既包含有从毛茶合理验收到拼配包装出厂的全套技术问题，也有经济指导思想的问题，在某种程度上，茶叶的经济管理同样影响茶叶品质，这就需要社会科学诸如"茶业经营管理学"的相关知识作指导，运用先进的管理技术配合先进的加工技术，才能取得合理的经济效益。

对茶叶加工进行深入研究，就必须了解和控制从鲜叶到精茶的加工过程中所产生的质量变化，这就需要对茶叶品质进行检测，要求掌握茶叶的感官审评、内含化学成分的分析等基本技能。

此外，所有加工技术的提高是建立在科学试验的基础上的，随着科学技术水平的发展和提高及高技术产业的崛起，加工技术涉及学科更广，技术难度更高。

总之，茶叶加工涉及的相关学科多，应把各相关学科的基本原理、基本技术加以综合而自成体系。因此，不能以为只靠教材就能全面掌握茶叶加工的技术和理论。在科学迅速发展的今天，新技术、新理论日新月异，故在学习本课程时还要及时了解、掌握新的学科动向以及学科的研究前沿。同时本课程也是实践性很强的课程，更加强调理论结合实际，学习中紧密联系生产实践，重视动手能力的训练，向实践学习，向制茶工人、技术人员学习，要善于观察，重视积累，做到学以致用。

第二章 茶叶加工基础知识

第一节 茶叶分类

我国茶区广阔，茶树品种资源丰富，品种适制性也很广，有的品种适制一种茶类，有的品种适制两三种及以上茶类。品种的质量不同，制茶的品质也不同。品种多，茶类种类也就多。

我国历代劳动人民发挥了无穷的智慧，创制发明了各种不同的制法，制成各色各样的茶类，有绿茶、黄茶、黑茶、白茶、红茶、青茶以及再加工茶类（如花茶和蒸压茶），它们的外形、内质都有一定的差异。每一茶类的制法在同一工序中，又有不同的变化，因而制茶的色香味也有差异，而分数种以至数十种。我国现有大同小异的数百种茶叶，为世界上茶类最多的国家。

一、茶叶分类方法

依据初制技术的不同可分为六大茶类（表2-1）。

1. 绿茶

绿茶具有"绿汤绿叶"的品质特征，杀青是绿茶初制的关键工序。根据干燥和杀青方式的不同，分为炒青绿茶、烘青绿茶、蒸青绿茶、晒青绿茶。

2. 红茶

红茶具有"红汤红叶""味甜醇"的品质特征，发酵是红茶初制的关键工序。根据外形的不同，分为红条茶（小种红茶、工夫红茶）和红碎茶。

3. 白茶

白茶具有"银绿披白毫""汤色浅淡""毫香显"的品质特征，萎凋是形成白茶品质特征的关键工序。根据采摘标准和加工工艺的不同，分为白芽茶（白毫银针）和白叶芽（白牡丹、贡眉、寿眉）。

4. 黄茶

黄茶具有"黄汤黄叶"的品质特征，闷黄是黄茶初制的关键工序。根据鲜叶原料嫩度的不同，又分为黄芽茶、黄小茶、黄大茶。

5. 青茶

青茶具有"汤色金黄""香高味醇"的品质特征，做青是形成青茶品质特征的关键工序。根据产地的不同，主要分为闽北乌龙、闽南乌龙、广东乌龙、台湾乌龙。

6. 黑茶

黑茶具有"色泽油润""汤色红浓""香味陈醇"的品质特征，渥堆是形成黑茶品质特征的关键工序。根据产地的不同，分为湖南黑茶、湖北老青茶、四川黑茶、云南普洱茶、广西六堡茶、贵州生态黑茶等。

表 2-1　　　　　　　　　　　　　六大茶类

基本茶类		代表品类
绿茶	蒸青绿茶	煎茶、恩施玉露
	晒青绿茶	滇青、川青、陕青
	炒青绿茶	眉茶（炒青、特珍、珍眉、凤眉、秀眉）
		珠茶（珠茶、雨珍、秀眉）
		细嫩绿茶（毛尖、龙井、大方、碧螺春、雨花茶、松针）
	烘青绿茶	普通烘青（闽烘青、浙烘青、徽烘青、苏烘青）
		细嫩烘青（黄山毛峰、太平猴魁、华顶云雾、高桥银峰）
白茶	白芽茶	白毫银针
	白叶芽	白牡丹、贡眉、寿眉
黄茶	黄芽茶	君山银针、蒙顶黄芽
	黄小芽	北港毛尖、沩山毛尖、温州黄汤
	黄大芽	霍山黄大茶、广东大叶青
青茶（乌龙茶）	闽北乌龙	武夷岩茶、水仙、大红袍、肉桂
	闽南乌龙	铁观音、奇兰、黄金桂
	广东乌龙	凤凰单丛、凤凰水仙、岭头单丛
	台湾乌龙	冻顶乌龙、包种乌龙
红茶	小种红茶	正山小种、烟小种
	工夫红茶	滇红、祁红、川红、闽红
	红碎茶	叶茶、碎茶、片茶、末茶

续表

基本茶类	代表品类
黑茶	湖南黑茶（安化黑茶） 湖北老青茶（青砖茶） 四川黑茶（南路边茶、西路边茶） 滇黔桂黑茶（云南普洱茶、贵州生态黑茶、广西六堡茶）
再加工茶类	花茶（玫瑰花茶、珠兰花茶、茉莉花茶、桂花茶）、萃取茶（速溶茶、浓缩茶、罐装茶）、果味茶（荔枝红茶、柠檬红茶、猕猴桃茶）、药用保健茶（减肥茶、杜仲茶、降脂茶）、含茶饮料（茶可乐、茶汽水）

二、茶叶命名

茶叶的命名用于区分产地、品种、制茶技术、生产条件不同的茶叶，并判断不同的品质，品质不同茶名也不相同。

茶叶命名主要以形状、色香味、茶树品种、产地、采摘时期、制茶技术以及销路的不同命名，少有以创制人命名。

（1）以形容形状命名　如珍眉、瓜片、紫笋、雀舌、松针、毛峰、毛尖、银峰、牡丹等。

（2）以形容色香味命名　如黄芽、（敬亭）绿雪、白牡丹、白毫银针；形容干茶色泽如温州黄；形容香气如云南十里香，（安徽舒城）兰花和（安溪）香橼；形容滋味如（泉则）绿豆绿、（江华）苦茶、（安溪）桃仁。

（3）以采摘时期命名　探春、次春、明春、雨前、春蕊、春尖、秋香、冬片、春茶、夏茶、秋茶等。

（4）以茶技术不同命名　炒青、烘青、蒸青、工夫红茶、红碎茶、窨花茶等。

（5）以品种不同命名　乌龙、水仙、铁观音、毛蟹、大红袍等。

（6）以销路不同命名　内销茶、外销茶、侨销茶、边销茶等。

（7）以产地不同命名　一般多为特种名茶，如六安龙芽、顾渚紫笋、西湖龙井、洞庭碧螺春、武夷岩茶、南京雨花茶、安化松针、信阳毛尖、六安瓜片、桐城小花、黄山毛峰等。

（8）以创制人命名　熙春、大方、松萝等。

茶叶名字很多，且很混杂，同一茶叶有多种品名，如各地生产的炒青，外形内质基本相同，但名称不一。而且还有不同茶类的茶叶品质相差很大而茶名相同，如绿茶、黄茶和白茶都有银针。所以应当借助茶叶的分类来解决这个问题。

第二节　茶鲜叶

从茶树上采下的嫩枝芽叶称为鲜叶，又称生叶、青叶，是各类茶叶品质的物质基础。茶叶质量的优次，主要取决于鲜叶质量和制茶技术，学习茶叶加工，对鲜叶应有全面的了解。

一、茶鲜叶的理化性状

到目前为止，茶叶中的化学成分经过分离鉴定的已知化合物有 500 余种，其中有机化合物有 450 种以上，其主要成分归纳起来有如下 10 余类（图 2-1）。

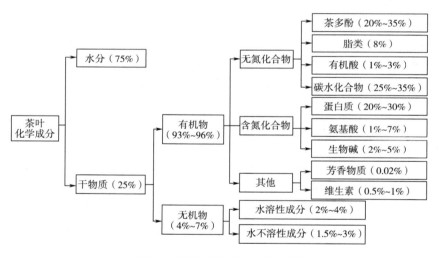

图 2-1　茶鲜叶化学成分分类及含量

二、茶鲜叶的主要化学成分

（一）水分

水分是茶鲜叶的主要化学成分之一，含量为 75% 左右。水分含量的多少，因采摘的部位、时间、气候、茶叶、茶树品种、栽培管理、茶树长势等的不同而异。其中，茶树各部位的含水量：芽叶 77.6%，第一叶 77.7%，二叶 76.3%，三叶 76%，四叶 73.8%，茎梗 84.6%。

茶树体内的水分可分为自由水和结合水两种。自由水主要存在于细胞液和细胞间隙中，呈游离状态，茶叶中的可溶性物质如茶多酚、氨基酸、咖啡因、无机盐等都溶解在这种水里。水分在制茶过程中参与一系列反应，也是化学反应的重要介质，因此水分含量是一项重要的技术指标。结合水与细胞的原生质相结合，呈原生质胶体而存在。

鲜叶的含水量及其在制茶过程中的变化速度和程度，都与制茶品质有着密切的关系。把含水量75%的鲜叶制成含水量6%以下的干毛茶，是鲜叶大量失水的结果，随着叶内水分散失速度和程度的变化，引起叶内一些成分发生相应的一系列理化变化，从而逐步形成茶叶的色、香、味、形。

制茶的各个工序中，随着水分含量的变化，其表现出来的物理性状也相应地发生变化。因此，在制茶过程中，按照各类茶品质要求，了解失水和内质变化的关系，根据在制品失水的多少、所呈现出不同的形质特征，严格地控制制茶技术指标，就能使有效成分按照人们所需要的方向变化。所以说，在生产中控制在制品含水量是鲜叶加工各工序适度的主要技术指标之一。鲜叶含水量与制茶消耗定额、鲜叶管理也有密切关系。除去含有表面水的鲜叶，一般来说，4kg鲜叶可制干茶1kg。

（二）多酚类化合物

多酚类化合物是茶叶中的主要物质之一，占干物质总量的20%~35%，是茶叶内含可溶性物质中最多的一种，它对茶叶品质的形成影响很大，对人体生理与健康也有重要作用。

多酚类化合物是一类由30多种多羟基的酚性物质所组成的混合物的总称。它的化学性质一般比较活跃，在不同的加工条件下，能发生多种形式的转化，形成多种不同的产物。因此，制茶品质就主要取决于多酚类化合物的组成、含量和比例，以及在不同的制茶过程中转化不同的形式、深度、广度和转化产物。

鲜叶中多酚类化合物的含量因茶树品种、肥培管理、采摘季节的不同而有差异，一般来说：从同一品种来看，夏季大于春季，不遮阳处理大于遮阳处理；从施肥角度来看，在保证氮肥的情况下，增施磷肥，可提高含量；从品种来看，大叶种大于中小叶种；从嫩度来看，随老化成熟降低。

1. 儿茶素类化合物（黄烷醇类化合物）

茶多酚类化合物按其化学结构可分为四类：儿茶素类、花黄素类、酚酸类和花青素类等。其中，儿茶素类占多酚类总量的80%，它对茶叶品质的影响极大。

儿茶素类化合物包括简单（游离）儿茶素和复杂（酯型）儿茶素两种，两者又各有两种基本结构。简单儿茶素包括表儿茶素（EC），表没食子儿茶素（EGC）；复杂儿茶素包括表儿茶素没食子酸酯（ECG），表没食子儿茶素没食子酸酯（EGCG）。

儿茶素与制茶品质的关系：儿茶素是形成茶叶色香味的主要物质，对品质影响很大。复杂儿茶素具有强收敛性，苦涩味较重；而简单儿茶素收敛性较弱，味醇和，不苦涩。在制茶过程中，鲜叶中水溶性多酚类化合物转化可分为三部分：①部分氧化如茶黄素、茶红素；②部分未被氧化如儿茶素，非儿茶素类多酚类；③非水溶性多酚类化合物，主要与蛋白质结合存在于叶底（不溶）。

多酚类化合物转化与茶叶品质息息相关，在制茶过程中，多酚类化合物转化的三部分含量和比例，对各类茶叶色香味的影响有显著不同。

例如绿茶类，为了阻止酶促氧化而保留了较多的多酚类物质，因此茶汤滋味较苦涩，收敛性强，叶绿汤清。而红茶类发生了酶促氧化，而且首先被氧化的部分主要是复杂儿茶素（还原势高）。氧化产物是茶黄素（TF）和茶红素（TR），因此滋味浓醇，苦涩味较轻，红汤红叶。

2. 花黄素类（黄酮类）

花黄素类呈黄色。在茶叶中已发现 10 多种，含量为干物质的 1.3% ~ 1.8%，溶于水。花黄素的含量多少与红茶茶汤带橙黄色成正相关。在绿茶中，花黄素及其氧化产物对茶汤、干茶和叶底色泽都有影响。

3. 花青素类

花青素类种类很多，有青色、铜红色、暗红色、紫色、暗紫色等。它是一类性质比较稳定的色原烯衍生物。它的含量较少，但它的存在对茶叶品质不利。如花青素含量稍高，则绿茶滋味苦，干茶色泽乌暗，叶底靛蓝色，品质不好；红茶的汤色和叶底都乌暗，品质也不好。

茶叶中花青素的形成和积累，与茶树生长发育状态及环境条件关系密切。较强的光照和较高的气温，使茶叶中花青素含量较高。

（三）蛋白质和氨基酸

1. 蛋白质

蛋白质是一类含氮化合物，鲜叶中其含量占干物质的 25% ~ 30%，其中水溶性蛋白质不多。

蛋白质的含量从品种来看，中小叶种大于大叶种；从季节来看，春茶大于夏茶大于秋茶；从施肥角度来看，多施氮肥，有利于提高蛋白质的含量。

在绿茶制造中，高温杀青工序就是阻止酶促氧化，此外：蛋白质可经水解、热解为游离氨基酸；蛋白质与茶多酚反应不溶于水，可降低茶多酚的苦涩味。因此，含蛋白质较高的鲜叶适制绿茶。

在红茶加工中，一般要求茶多酚含量较多，蛋白质含量较低的鲜叶，这有利于发酵，形成红茶红汤红叶的品质特征。

实验证明，茶叶经冲泡后进入茶汤的蛋白质含量仅占蛋白质总量的 2% 左右。但却与茶叶的品质有关：它对保持茶汤清亮和茶汤胶体溶液的稳定性起了重要作用。对增进茶汤滋味和茶汤的营养价值有一定作用。在加工中，部分蛋白质水解为氨基酸。

2. 氨基酸

在茶叶中发现了 26 种氨基酸，其中 20 种蛋白质氨基酸，6 种非蛋白质氨基酸。

茶叶中游离氨基酸很少，占干物质的 1%～3%。茶氨酸是茶叶中特有的氨基酸，它是组成茶叶鲜爽香味的重要物质之一。茶氨酸占茶叶干物质重的 1%～2%，在茶汤中的泡出率可达 80%，它与绿茶等级的相关系数达 0.787～0.876。茶氨酸的阈值（引起味感的最低浓度）为 0.06%。

茶氨酸本身具有甜爽的味感和焦糖香（苯丙氨酸具有玫瑰香味，丙氨酸具有花香味，谷氨酸具有鲜味），能缓解苦涩味，增强甜味，可见茶氨酸不仅对绿茶品质有重要意义，而且也可作为红茶品质的重要评价因子之一。

氨基酸的含量从不同季节来看：春茶大于夏茶；嫩度越高，含量越高；春茶早期大于中期，中期大于晚期。

（四）酶

酶是特殊的蛋白质。其中水解酶包括淀粉酶、蛋白酶，对茶叶滋味形成有重要作用；氧化还原酶包括多酚氧化酶、过氧化物酶、抗坏血酸氧化酶等，对茶叶中茶黄素、茶红素、茶褐素的生成起关键作用。

制茶技术与酶的关系：制茶技术就是要有效地控制酶的活性，促进催化作用（红茶），或抑制催化作用（绿茶），或限制催化作用在一定范围内（青茶、白茶），因此产生不同的化学反应产物，形成不同的品质。这些制茶技术主要是通过控制鲜叶组织机械损伤、叶温和叶中含水量，来达到控制酶的催化作用。

（五）生物碱

生物碱主要是咖啡因、可可碱和茶叶碱。以咖啡因含量（一般含量为干物质的 2%～4%）最多（咖啡树含咖啡因 0.8%～1.8%，可可树含咖啡因 0.007%～1.7%），其他两种含量甚微。咖啡因可作为茶叶化学成分中的特有物质而区别于其他植物，可作为鉴别真假茶的重要项目之一。

鲜叶中咖啡因含量随新梢生长而降低，芽最高，梗的含量最低。因此，咖啡因含量与鲜叶老嫩呈正相关。

一般来说，大叶种的咖啡因含量多于小叶种；夏茶的多于春茶的；遮阳的多于露天的。

茶叶中咖啡因含量与品质成正相关。它的味微苦,是茶汤滋味的主要物质之一。

在红茶中,咖啡因能与茶黄素结合成复合物而提高茶汤的鲜爽味。在饮用红茶时,常会看到冷后的茶汤会产生混浊现象,称为"冷后浑"。"冷后浑"的原因是咖啡因与茶黄素、茶红素结合形成络合物,该络合物不溶于冷水而溶于热水中。正常的"冷后浑"是红茶品质佳的表现。

(六) 糖类

糖类物质也称碳水化合物,在鲜叶中占干物质重的 20%~30%,可分为单糖、双糖和多糖三种。

单糖包括葡萄糖、半乳糖、果糖、甘露糖、阿拉伯糖等;双糖包括麦芽糖、蔗糖、乳糖等。

这两类糖均溶于水,具有甜味,是构成茶汤浓度和滋味的主要物质;除此之外,它还参与香气的形成,如"板栗香""焦糖香""甜香"等,这是在制茶过程中,糖类本身的变化及其与氨基酸、多酚类相互作用的结果。

多糖包括淀粉、纤维素、半纤维素、果胶及木质素等。多糖无甜味,除水溶性果胶外,都不溶于水。

其中,淀粉在一定制茶条件下可水解为麦芽糖或葡萄糖,可增加茶汤滋味。纤维素、半纤维素含量随叶片老化而增加,因此其含量可作为鲜叶嫩度的标志之一。水溶性果胶对茶叶品质有一定影响,它有黏性,有利于茶叶形状的形成,此外,它还能增进茶汤浓度和甜醇度。

(七) 芳香物质

芳香物质在鲜叶中含量为 0.02%~0.05%,有近 50 种。成品茶的种类增加很多,如红茶有 325 种以上,绿茶有 100 种以上。这说明制茶技术对茶叶香气品质形成有重要作用。

在鲜叶中,芳香物质主要是醇(含羟基)、醛(含醛基)、酮(含酮基)、酯类和萜烯类等。每一个基团对香气都有影响。如大多数酯类物质有水果香,醛类有青草气。

茶树新梢中芳香物质含量:幼嫩叶片大于老叶,春茶大于夏茶,高山茶大于平地茶。

构成茶叶香气的芳香物质种类很多,含量极微,组合比例千变万化,香气类型也就多种多样。造成这些变化的原因,一是鲜叶中芳香成分组成不同,二是制茶技术的不同。

（八）色素

鲜叶中含多种色素，对茶叶品质影响较大的有叶绿素、叶黄素、胡萝卜素、花黄素、花青素等。色素约占鲜叶干物质重的1%，花黄素与花青素都属酚类物质。

成熟度一致的叶子中的叶绿素含量，春茶>夏茶>秋茶。

在制茶过程中，因制茶技术条件不同，叶绿素会有不同程度的破坏，产生不同的茶叶叶色。茶叶的叶色与香气、滋味是相关的。

（九）维生素和矿质元素

维生素是机体维持生命活动必不可少的一类有机化合物，是酶的组成部分。维生素都是小分子有机物，化学结构各不相同，有的是胺类，有的是酸类，有的是醇类或醛类，还有的属于固醇类。按溶解性和测定方法不同可分为脂溶性维生素和水溶性维生素。

茶叶中含有多种维生素，可称为维生素群，饮茶可使维生素群作为一种复方维生素补充人体对维生素的需要。鲜叶中以维生素C含量最高，它随叶片成熟而降低，极易氧化。绿毛茶的维生素C含量比红毛茶多3~4倍。

（十）灰分

灰分为茶叶经高温灼烧后残留下来的物质。一般占干物质的4%~7%。茶叶中的灰分主要是一些金属元素和非金属氧化物（还包括碳酸盐等），都称为粗灰分。

灰分的含量与茶叶品质有密切关系。水溶性灰分呈正相关，它是衡量鲜叶老嫩的标志之一。但茶叶总灰分含量不能完全表明茶叶的老嫩和品质的高低。在加工过程中，总灰分有一定增加，但水溶性灰分有所下降。出现这种情况的主要原因是鲜叶在采制中可能混入了一些杂质。

三、茶鲜叶的质量

鲜叶质量包括鲜叶嫩度、匀度和新鲜度。嫩度是鲜叶质量的主要指标。一般说鲜叶质量的好坏指的是嫩度和匀度，而鲜叶采收过程和运输过程的失误所造成的新鲜度不佳，只要认真操作，是可以避免的。

（一）鲜叶嫩度

嫩度是指芽叶伸育的成熟度。芽叶是从营养芽伸育起来，随着芽叶的叶片增多，芽相应由粗大变为细小，最后停止成驻芽。叶片自展开成熟定型，叶面积逐渐扩大，叶肉组织厚度相应增加。

一般来说，一芽一叶的嫩度大于一芽二叶，一芽二叶的嫩度大于对夹叶，一芽二叶初展的嫩度大于一芽二叶开展的。叶片大小不能作为鲜叶嫩度的指标。

1. 鲜叶的化学成分与嫩度

鲜叶的嫩度是鲜叶内含各种化学成分综合的外在表现。随着嫩度的下降，一些主要化学成分有相应的改变：多酚类化合物含量总体呈下降趋势；蛋白质含量有相应的下降；氨基酸和水浸物含量变化规律性不明显；水浸出物含量大体是中等嫩度的含量高，芽叶老化，含量下降；还原糖、淀粉、纤维素、叶绿素含量相应增加。

2. 鲜叶的芽叶组成与嫩度

除采制名茶外，一批鲜叶很难做到由一种芽叶组成，通常都是由各种芽叶混杂而成的。因此，评定鲜叶嫩度和给鲜叶定级，一般应用芽叶组成分析法。1957 年起，一些国营茶厂开始制订鲜叶分级标准，作为收购鲜叶和加工的依据。

芽叶组成分析方法，虽然简单易行，但终究要花不少时间，收购鲜叶评级时难以应用。目前生产上仍以感官评定方法为主，芽叶组成分析法作为参考。即使这样，有时芽叶组成分析结果还是难以解决问题。例如，同是一芽二叶，留叶采的程度不同，采下的一芽二叶的嫩度是不同的。衰老茶树和长势旺盛茶树，同是一芽二叶的嫩度就不一样。

大部分茶区总结出鲜叶感官评级的经验：一看芽头，即芽头大小，数量多少；二看叶张，即第一叶和第二叶开展度；三看老叶，即单片叶和一芽三、四叶老化程度和数量。

3. 鲜叶的柔软度与嫩度

鲜叶柔软度是指叶片的软硬程度，它与嫩度密切相关，是测定鲜叶质量的重要项目之一。

叶片内部组织结构不同，鲜叶柔软度表现不一样。芽叶生长发育过程中，叶内组织结构逐渐发育，栅栏组织的排列由不明显到排列很有规则，细胞体积由小变大，细胞膜加厚。据研究，成熟叶比细嫩的叶肉厚度增加了近一倍，老叶比幼嫩叶纤维素含量增多，叶质变硬。

另外，不同品种鲜叶的栅栏组织不同，有的仅一层，有的多达三层；鲜叶海绵组织，有的细胞大，细胞间隙也大，排列疏松，有的细胞小，排列紧密。海绵组织是叶子营养物质的贮藏场所。

一般而言，栅栏组织层次多，柔软度下降。海绵组织细胞大，柔软度好，嫩度高，内含物也丰富。因此，不同嫩度、不同品种的鲜叶，其柔软度不同，有效物质含量也不同。

鲜叶柔软度与制茶技术关系很大，制茶过程的造型、加压大小、时间长短等，在很大程度上都依据柔软度来决定。

4. 鲜叶的色度与嫩度

鲜叶色度同样能反映嫩度，新梢在发育时期，叶绿素含量变化很大，幼嫩叶叶绿素含量低，成熟定型后高，因此幼嫩叶的色度较浅，呈嫩绿色，随芽叶成熟，绿色加深。

（二）鲜叶匀度

评定鲜叶质量的另一个重要指标就是匀度。匀度是指同一批鲜叶理化性状的一致性程度，无论哪种茶类都要求鲜叶匀度好。生产上最突出的问题就是老嫩混杂，这对初制操作和茶叶品质影响最大。如果同一批鲜叶老嫩不一，则内含成分不同，叶质软硬程度不同，就会造成杀青老嫩生熟不一，在揉捻中嫩叶断碎，老叶不成条，干燥时出现干湿不匀和茶末、碎茶过多的现象，而且还会给毛茶精制带来困难。

在广泛使用机械采茶时，如何提高鲜叶匀度，成为重要研究课题。国内外正在着手鲜叶分级机具的研究。有的地方采用风选原理，使不同的鲜叶质量分开，杭州龙井茶区用筛分方法分离，涌溪火青、碧螺春等名茶都是用手工拣剔方法解决鲜叶质量不匀。

为了使鲜叶质量均匀一致，可以采取以下措施：采用同一品种茶树的鲜叶；选择茶树生长的生态环境基本相同的鲜叶，日照短、有遮阳的鲜叶，内含物多，叶色浓绿、叶质厚，持嫩好；选择采摘标准基本一致的鲜叶。

（三）鲜叶新鲜度

离体鲜叶保持原有理化性状的程度，称为新鲜度，它是鲜叶质量的重要指标之一。一般而言，鲜叶新鲜度高，毛茶质量好。因此，生产上要求鲜叶现采现制或较短的时间内付制。

鲜叶失鲜的品质变化与鲜叶摊放、轻萎凋的品质变化，从制茶角度来说是不同的。鲜叶开始失去新鲜感，鲜艳的色泽消失，清新的兰花香减退，以及内含物的分解，这些变化与鲜叶摊放、轻萎凋相似。但是，鲜叶摊放、轻萎凋是制茶中的一个工序，是受到制茶技术限制的，是有意使鲜叶完成一定的内质变化，为下一工序做准备。而鲜叶失鲜的这些品质变化是在失控的条件下产生的，它会沿着鲜叶劣变的方向发展：鲜叶失鲜的变化速度，在正常条件下开始比较缓慢。但是如果操作失误，如将鲜叶紧紧装在布袋里（或木框里），弄伤了芽叶，叶温内部升温，受伤芽叶加速氧化，进一步导致叶温上升，温度的升高，反过来又加速芽叶的氧化，如此恶性循环，不用多久鲜叶便开始变红，出现酒味的腐败气味，有效物质被消耗，直至失去制茶的价值。

四、茶鲜叶的适制性

茶鲜叶质量标准，除了匀度和新鲜度要求一样外，其他质量指标，依各种茶类不同而异。同一质量的鲜叶既可制成红茶，也可制成绿茶及其他茶类。但是，它们的制茶品质却有差异。同是一芽二叶初展，有的鲜叶制红茶比制绿茶的品质好，有的制红茶、绿茶品质都较优，但制青茶就不适宜，因为制青茶的鲜叶要求开面的二三叶，且嫩度中等，柔软度适中。人们将这种具有某种理化性状的鲜叶适合制造某种茶叶的特性，称为鲜叶适制性。根据鲜叶适制性，制造某种茶类，或者要制造某种茶类，有目的地选取鲜叶，这样才能充分发挥鲜叶的经济价值，制出品质优良的茶叶。

（一）鲜叶叶色类型与适制性

鲜叶叶色与制茶品质关系很大。不同叶色的鲜叶，适制性不同，深绿色鲜叶制绿茶比制红茶的品质优。浅绿色的鲜叶制绿茶的品质比制红茶差。紫色鲜叶制红茶品质比深绿色鲜叶的好，但不如浅绿色鲜叶制的红茶品质好。究其原因，主要是不同叶色鲜叶的主要化学成分含量不同。

一般深绿色叶的粗蛋白质含量高、多酚类、水浸出物、咖啡因的含量低；浅绿色叶却相反，粗蛋白质含量低，多酚类、水浸出物、咖啡因的含量高。紫色叶的含量介于两者之间。经过许多研究证明，鲜叶内主要化合物的含量与鲜叶适制性具有相关性。一般而言：多酚类含量高，粗蛋白质、叶绿素含量低的，适制红茶；多酚类含量低，粗蛋白质、叶绿素含量高的，适制绿茶。

（二）鲜叶形态与适制性

1. 鲜叶白毫

鲜叶背面着生的许多茸毛，称为白毫。

对同一品种茶树鲜叶而言，白毫的多少标志着鲜叶的老嫩。鲜叶越嫩，白毫越多，成茶品质也越好，尤其是红茶、绿茶表现更明显。俗话说"烘青看毫，炒青看苗"。在烘青制造中，由于白毫脱落很少，干茶白毫显露较多，说明品质好。在炒青制造中，通过炒干工艺白毫已基本脱落。在红茶加工中，由于揉捻时茶液黏附在白毫上面，经过发酵后，使白毫显现金黄的色泽，因此，金黄色白毫的多少能反映出红茶品质的高低。

对于不同品种的茶树鲜叶而言，鲜叶嫩度相同而白毫的多少不同。如广西凌云白毛茶，不仅嫩叶背面的茸毛如雪，而且老叶背面也有很多白毫。其他如福鼎大白茶、政和大白茶、乐昌白毛茶、南山白毛茶等品种，鲜叶茸毛都特别多。不同茶类对白毫的多少要求是不同的，有的茶类要求白毫多且显露，如显毫的白毫银针、绿茶毛峰、碧螺春，因此，鲜叶应选白毫多的芽叶。有的茶要求白毫多但隐而不显，如西湖龙井、南京雨花茶等，这些茶在炒制过程中，用磨光或搓揉的动作，使茸毛脱落或紧贴在茶叶身上。

2. 鲜叶叶张和叶质

鲜叶的形状、大小、厚薄和软硬与制茶品质有密切的关系，但这方面的研究资料相对较少。

对同一品种茶树鲜叶而言，叶片小的，一般细嫩且柔软，叶片大的，一般比较粗老而稍硬，若制同种茶类，则前者可塑性较好，制出的茶叶条索紧细，品质也较好。而后者，无论外形、内质都较差。

对不同茶树品种鲜叶而言，同样的芽叶标准，叶片就有大有小，也不能以叶片大小来论嫩度。

鲜叶形状与茶叶的外形有着密切的关系，按成熟叶片的长宽之比，叶形可以划分为圆形、椭圆形、长椭圆形、披针形。其中，以椭圆形和长椭圆形居多。叶形是茶树品种遗传性状的表现。椭圆形的鲜叶长宽较适当，适制性广，可以做多种形状的茶叶，如龙井茶、铁观音、祁红工夫等。长椭圆形和披针形，适制条形、针形和卷曲形茶。扁形茶（龙井）、针形、卷曲形茶叶叶形一般宜小，尖形、片形茶叶叶形较大。乌龙茶要求叶较大而柔软适中，鲜叶小而嫩就不适合做青的要求。大叶种制红碎茶，品质优于小叶种。

鲜叶的厚薄，指叶肉肥或瘦薄而言，对同一品种、同样嫩度的鲜叶，肥培管理好，树势生长旺盛，叶肉肥厚，叶质柔软多汁，制出茶叶外形紧结、重实，品质好；肥培差，鲜叶薄而硬、制出茶叶，无论外形还是内质都较差。

我国不少茶区根据鲜叶适制性的原理，采用多茶类组合生产方式，于茶季初期及时采嫩的芽叶，制少量高级名茶，到芽叶大量生长起来，采制量大的大宗茶类。掌握及时采，既延长了采摘时期，消除了高峰期限，解决了劳力矛盾，又充分发挥了前后期鲜叶的适制性，提高了茶叶产量和品质。

（三）地理条件与适制性

地理条件同样是影响鲜叶适制性的一个重要因素，地理条件如纬度及地形、地势的改变会影响鲜叶的化学成分，从而影响茶叶品质。

1. 纬度

就我国茶区分布而言，最北茶区处于北纬的38°左右（如山东半岛），最南的茶区是北纬18°~19°的海南岛。一般而言，纬度偏低的茶区特点是年均温度高，日照时间长，年生长期较长，往往有利于碳素代谢，茶多酚含量相对较高，蛋白质、氨基酸的含量相对较低，而纬度较高的茶区，则呈相反的趋势。除了品种差异所引起的差异外，纬度对茶叶内含化学成分的影响，对制茶原料的适制性变化是较大的。

2. 海拔

优异品质的形成与茶园生态环境密切相关。我国许多名茶都产于高海拔、风景优美、气候温和湿润、土壤疏松肥沃的自然环境中。例如，黄山毛峰、太平猴魁产于海拔较高的峡谷之中；西湖龙井产于风景优美的西湖风景区，那里湖光山色，竹木成荫；碧螺春产于江苏苏州吴中区太湖上的洞庭东、西二山，气候温和、冬暖夏凉、水汽丰富、云雾弥漫、茶果相间。茶树生长在优越的自然环境中，由于林木遮阳、日照短、光照弱、云雾多，茶树水分蒸发量减少，加之水土保持好，土壤有机质含量丰富，微生物活跃，土壤疏松肥沃，适合茶树耐荫、喜温、喜湿、好肥等特性，持嫩性好，叶质柔软，内含物丰富，尤其是氨基酸含量高，芳香物质丰富，鲜叶天然品质好，为茶叶优异的形成，尤其是独特品质风味的形成，起到了极其重要的作用。

"高山云雾出好茶"是泛指，不是好茶都产在高山，一些生态环境良好的低山（相对周边有一定的海拔高度差）也出好茶，是各种生态环境的综合作用的结果。

五、茶鲜叶的保鲜技术

鲜叶从茶树上采下后，其内含物仍进行着激烈的理化反应，如维生素 C 含量减少，多酚类化合物的氧化，碳水化合物的呼吸消耗。此外，香气成分的变化也是很明显的，如具有新鲜叶香的青叶醇醋酸酯、青叶醇己酸等成分逐渐消失，同时酯类物质氧化分解也会形成新的香气成分。

在大规模生产的高峰期，鲜叶很难做到现采现制，这时就要贮藏保鲜，特别是南方和夏季，气温高，鲜叶因保管不善而腐烂，或者降级处理造成的经济损失是常见的事。因此，鲜叶的贮藏保鲜技术是十分重要的。

鲜叶保鲜的关键是控制两个条件，一是保持低温，二是适当降低鲜叶的含水量。鲜叶贮藏应保持阴凉，鲜叶要薄摊，使叶子水分适当蒸发而降低叶温，鲜叶内含物氧化所释放出来的热量，也能随水汽向空中发散。如厚摊将使叶温升高，温度的升高又加速氧化反应，大量放出热量，造成恶性循环，鲜叶很快就会腐烂变质。

（一）鲜叶的运送

（1）根据老嫩不同，品种不同，表面水含量不同，分别装篓。

（2）装篓时不能紧压，防止机械损伤，烈日暴晒。

（3）鲜叶不宜久堆，否则，篓内叶子易发热，引起红变。

（4）鲜叶篓应是硬壁，有透气孔，每篓装叶不超过 20kg。

（二） 鲜叶的贮藏保鲜

鲜叶进厂验收分级后，应立即付制，如不能及时付制，应采用低温贮藏，尽量缩短时间，一般不超过 12h，最多不超过 16h。贮藏地应选择阴凉、湿润、空气流通，场地清洁、无异味的地方，有条件的可设贮青室。贮青室的面积一般按鲜叶 20kg/m^2，坐南朝北，防止太阳直射，保持室内较低温度。最好是水泥地面，且有一定倾斜度，便于冲洗。

鲜叶摊放不宜过厚，一般 15~20cm，雨露水叶要薄摊通风，鲜叶摊放过程中，每隔 1h 翻拌一次，每隔 65cm 左右开一条通气沟。在翻拌时，动作要轻，切勿在鲜叶上乱踩，尽量减少叶子机械损伤。

鲜叶贮放时间不宜过久。一般先进厂先付制，后进厂后付制，雨水叶表面水分多，可以适当摊放一些时间。对于已发热红变的鲜叶，应迅速薄摊，立即分开加工。

（三） 透气板贮青设备

为了减少鲜叶摊放占地面积，节省劳力，保证鲜叶质量，目前有些地方已试用透气板贮青设备，这是解决贮青困难的一个比较有效的办法。

透气板贮青是在普通的摊叶室内开一条长槽，槽面铺上钢丝网（或粗竹编成的）透气板。透气板每块长 1.83m，宽 0.9m，可以连放 3 块、6 块或 12 块，还可以 12 条槽并列，间距 1m 左右（也可以根据具体情况设计具体尺寸），槽的一头设一个离心式鼓风机。鼓风机功率按透气板的块数、槽的长短来选用。鼓风机的电动机设定时器，可按需要每隔一定时间自动起动电动机进行鼓风。每平方米可摊放鲜叶 150kg，不需人工翻拌，摊叶和付制可采用皮带输送。

第三节 茶叶初制基础知识

一、杀青

（一） 杀青的目的和作用

杀青是制茶技术的关键工序之一，青指青叶，即茶树鲜叶。杀青的意义是破坏鲜叶中酶活性，改变鲜叶物理性状。杀青过程采取高温措施，使鲜叶的内含物迅速地转化，杀青不仅破坏酶活性，还要使内含物转化为各类茶特有的品质基础。

鲜叶通过高温杀青，酶遭到破坏，制止了酶促氧化作用，然后使内含物在非酶促作用下，形成绿茶、黑茶、黄茶等茶类的色、香、味品质特征。与鲜叶不通过杀青而采用酶促氧化作用，形成红茶、青茶、白茶的品质，两类品质特点截然不同。

杀青方法分干热杀青和湿热杀青两种，干热杀青是我国广泛应用的杀青方法，产品品质较湿热杀青优越。杀青是提高绿茶品质的关键性技术措施。

（二）温度对杀青质量的影响

1. 杀青叶温

杀青工序首先要求迅速、及时地破坏酶的催化作用。温度是影响酶的催化作用的最重要因素之一。在一定温度范围内，温度升高，既加速了酶的催化反应速度，也加快酶的破坏。所谓酶促作用的最适温度就是在此温度下（一定条件）酶促反应产物达到最高量。

在最适温度内，温度每升高10℃，酶的催化反应速度加倍。一般植物的酶的最适温度为50~60℃，有的资料认为茶叶中多酚氧化酶的最适温度为52℃。

随着温度的增高，酶因热作用而破坏也增快。当温度超过酶的最适温度，酶活性丧失，与酶因温度升高而引起活力提高的程度相比，前者大于后者，致使酶促反应速度下降。温度越高，下降越大。当温度升高到某一界限，酶的活性被彻底破坏，酶促反应速度为零。这种温度界限，称为酶钝化临界温度。

多酚氧化酶的钝化临界温度，据安徽农业大学测定的数据，为85℃。叶温由室温升高到85℃所需要的时间，是杀青技术中的重要影响因素之一。一般要求叶温在1~2min升达85℃以上，最长时间不超过4min，否则，就可能出现红梗红叶。叶温达到85℃以上后，延续一定的时间才能彻底破坏酶的活性。之后叶温要不断下降，尤其在杀青叶的含水量减少到接近60%时，叶温太高，嫩度高的个别芽叶和叶尖将会焦化。

2. 杀青火温控制

（1）影响杀青效果的因素

①鲜叶的组成和质量：一是鲜叶的老嫩，相对而言，不超过一芽三叶为嫩叶，超过一芽三四叶为老叶。二是鲜叶的含水量多少，晴天采的鲜叶含水量较少，阴雨天采的鲜叶含水量高。同样的晴天，早上采的鲜叶含水量比中午采的高。

②锅温：根据品种、叶质、产地、采叶时间来确定锅温。叶片大而厚，含

水量较多的品种，锅温应高些。阴山叶薄而软锅温宜低些，阳山叶厚而硬锅温宜高些。春茶早期嫩叶肥厚锅温宜高，夏秋茶叶瘦薄锅温宜低。雨天水分多锅温宜高，晴天锅温宜低。早上采锅温宜高，中午采锅温宜低。

（2）杀青温度控制　锅温是杀青的关键，要根据鲜叶质量，灵活掌握，才能外因通过内因而起作用。

①锅温先高：其作用一是可以把叶绿素从叶绿体中释放出来，改变叶绿素的组织，开水冲泡后能够大部分溶解在茶汤中，不会多留存在叶底，出现生叶，使得汤色碧绿，叶底嫩绿；二是可使游离水大量蒸发，结合水继续蒸发，去掉闷水味，使滋味浓醇，同时带走低沸点的青草气，产生良好香气；三是可以迅速彻底破坏酶的活性，制止黄烷醇化合物氧化泛红。

②锅温后低：其作用一是可避免炒焦而生焦气，锅温不后低，即使不炒焦，也会产生刺鼻而不能持久的火香，对提高品质也不利；二是避免水分散失过多，杀青程度过头，会有揉捻难以成条和碎片多的毛病。

杀青开始温度宜高，到了叶内水分蒸发，叶色变暗时应下降。如果来不及降低，就要采取快炒和缩短时间的技术措施。下锅时，如果锅温过高，就增加投叶量来调节。一般来说，锅温要保持均匀，不要忽高忽低，应采取逐渐下降的技术措施。

（三）水分蒸发对杀青质量的影响

用水蒸气湿热杀青时，水分不但没有减少，还会有所增加。因此，在进入揉捻工序前，要经过去水处理。

用炒制干热杀青则在升高叶温的同时蒸发水分，达到叶质柔软，又增加黏性，便于有些茶类直接揉捻造形。

炒热杀青温度高，叶温迅速升高，叶内水分和内含物受热膨胀，细胞组织破裂（杀青时能听到爆炸声），部分水分和内含物渗出，为提高水分蒸发速度创造了有利条件。同时内含物附着在叶子表面，增加了叶子的黏性。但是，叶片受热面比梗大，嫩叶受热面比老叶大（厚度不同），老叶细胞组织受热更容易破坏等因素，都使不同质量杀青叶的水分蒸发速度不同。造成杀青叶的不同部位和梗的含水量差异极大，杀青叶水分含量不匀，给之后的几个工序造成困难。

针对同一质量的鲜叶，在一定程度上可以根据杀青叶的黏性来判定杀青的程度。但不是绝对的，因为不同质量的鲜叶，杀青叶黏性不同，如鲜叶越嫩，杀青叶黏性越大；不同杀青机具，杀青叶黏性也不同。所以，仅凭杀青叶的黏性来确定杀青程度是不可靠的。

杀青过程的热量主要消耗于水分蒸发，根据测算，消耗于水分蒸发的热能是消耗于升高叶温的 3~4 倍。实际情况是杀青初期，水分蒸发比后期多，消耗的热能也大，为了迅速升温，杀青初期就需要供应大量的热能，杀青锅温要高。所以鲜叶含水量越多或投叶量越多，锅温越要增高。

受设备大小和燃料质量的限制，如果单位时间内杀青锅温达不到杀青技术要求，出现红梗红叶，可以通过减少投叶量来控制。也可在杀青过程中通过抖闷结合（根据鲜叶性质，先闷后抖或先抖后闷），减少热量消耗，有更多的热量来提高叶温。闷杀的作用不仅能迅速提高叶温，还能使杀青叶温受热均匀。含有粗、长梗子的鲜叶，更需要积极采取闷杀措施，利用产生的水蒸气导热，达到杀青均匀，防止红变。

在蒸汽导热的条件下，杀青叶内含物的湿热作用激烈。短时间闷杀还能减轻苦涩味，时间长了就产生闷黄和水闷味，降低制茶品质。所以，在杀青过程中，我们需要掌握老干叶先闷后抖、多闷少抖、嫩叶先抖后闷、少闷多抖的原则。

（四）杀青技术措施对杀青质量的影响

1. 杀青时间的控制

杀青时间要根据鲜叶的含水量、老嫩度、叶质、叶量和火温的高低，以及杀青叶摊放时间长短不同来灵活掌握。一般鲜叶含水量多，叶肉厚、叶量多、火温低、杀青叶摊放时间长，杀青时间就要长些，反之就短些。

老叶水分少，可以用相对较高的温度，杀青时间相对较短，所谓"老叶嫩杀"，是在高温的基础上缩短时间，失水较少。嫩叶水分多，需要使用较低的温度，拉长杀青时间，所谓"嫩叶老杀"，指的就是杀青时间长一些，杀青叶水分散失多一些。

雨天的鲜叶，水分多，杀青时间需要长一些。晴天的鲜叶，水分含量少，杀青时间就要短一些。

2. 投叶量对杀青质量的影响

投叶量与叶温高低成负相关，叶量多，叶温降低，热能供应不足，就不能完成杀青应有的化学变化，容易出现红梗红叶、失水过少和杀青不匀的问题。

在一定的锅温下，叶量过多，翻炒不均匀，杀青程度不均匀，这样容易产生部分焦叶和色泽发黄等问题。叶量少，翻炒容易均匀，常获得较好的品质。但是叶子过少容易产生焦叶，并且时间不经济。因此，炒叶量要根据技术的不同、炒锅的大小、火温高低等不同而随时进行增减。一般来说，在火温高、技术高、炒锅大的条件下，炒制低级茶，投叶量可多些，相反，投叶量可少些。

3. 抖闷结合

杀青抖炒和闷炒两种方法的有机结合，是影响杀青效果的另一个关键因素。要在杀青过程中运用眼、耳、鼻、手的感觉随时灵活掌握。

采用抖闷结合的手法，抖炒时可使鲜叶中的水分迅速被蒸发，使杀青叶具有较好的香气。闷炒时可利用高温水蒸气迅速破坏酶促作用，阻止叶子中不良的化学变化，比如多酚类物质的氧化。

闷抖结合须根据鲜叶的老嫩、软硬、含水量多少和火温高低，随时增减闷炒的时间和次数。如叶老而硬，含水量少的鲜叶，可适当增加闷炒的时间和次数，使水分及时散失，以免红变而降低品质。

对于嫩叶或水分多的鲜叶，先抖后闷，最后再短时抖炒。对于老叶或水分少的鲜叶，先闷后抖、再闷，最后再短时抖炒。火温高、多抖，火温低、闷的次数多，闷要到叶温烫手为度，最后抖到叶子还有黏手感为度。

如果抖炒不够，闷炒过早，游离水应蒸发的部分还未蒸发掉，结合水不能蒸发，内含物变化不大，就不能杀熟杀透，不但有水闷味，而且香气也不高。

抖炒过度容易产生焦边焦叶。闷炒过度水分不能合理散失，青草气不能及时挥发散，叶绿素被大量破坏，就不能产生良好香气，汤色和叶底就会变黄。

嫩叶如在低温条件下闷炒过度，会产生叶色变深暗的死青色。春茶早期的细嫩鲜叶，应多抖少闷；夏秋茶末期的鲜叶，应多闷少抖。晴天的叶子多闷少抖或先闷后抖；雨天的叶子多抖少闷，先抖后闷或不闷。如发现抖闷不够可以分段，如抖、闷、抖、闷、抖，但时间要掌握在 1min 左右，不能超过 1.5min。

4. 杀青技术措施分析

杀青过程主要是水蒸气的散失和暂时保留的矛盾，先是散失水蒸气，后转为保留水蒸气，最后再散失水蒸气。

首先是高温抖炒，蒸发游离水，叶温升高促使内含物转化，由生转熟。然后蒸发一部分结合水，继续提高叶温，青草气挥发，生成良好香气。

由于鲜叶老嫩不一，熟与生，抖与闷很难完全解决。由散失水蒸气转为保留水蒸气，采取闷炒技术措施，利用高温水蒸气彻底促进内含物完全转化，由杀青不匀转为杀青均匀。

如果鲜叶老嫩相差太大，延长抖炒、闷炒时间，不仅不能杀匀，甚至产生红梗红叶和闷水气味。所以为解决鲜叶老嫩差异的矛盾，需要采取鲜叶分级付制的技术措施。

最后抖炒散失水蒸气，由闷水气味转为鲜爽香味。这样就解决了水蒸气散失和暂时保留的主要矛盾。

不同性质的问题，用不同技术措施解决。如用高温抖炒，可解决产生红梗红叶的问题；用低温快速抖炒，可解决产生焦边焦叶的问题；用高温适当慢抖炒，可解决产生水闷味的问题。

5. 杀青叶的质量要求

杀青过程的化学变化，主要是温度引起的热化学反应。该变化从品质上表现为由一种色、香、味向另一种色、香、味的转化。这是杀青质量的要求，也是杀青程度适当的重要标志。

杀青过程的热化学反应，因其变化程度不同，叶色从鲜绿转化为暗绿乃至淡黄绿、焦黄或枯黄。香气从青草气转化为青花香、熟香、焦香或水闷气。滋味由苦涩转变为稍有青涩、醇和、焦苦或淡薄。正常的杀青程度应取中间两种。偏前则杀青不足，偏后则杀青过头（或是闷黄）。

总之，正常的杀青要求，一是制止酶促作用，要及时地彻底破坏酶活性，杀青叶才不会红变；二是杀透，要内含物转化程度适当，没有青草味，也没有焦气味和水闷气味；三是杀匀，要求杀青叶水分含量较一致，叶质柔软度相近，内含物化学变化程度相近。

制茶最后工序是干燥，干燥是热加工过程，也有热化学反应。一般认为杀青的程度"宁可嫩些，不可过老"。杀青叶稍"嫩"些可以在干燥工序中使之进一步转化，而过"老"就无法补救了。

二、揉捻

揉捻是初步做形的阶段，除了白茶类和绿茶、黄茶中有些不要揉捻外，一般在制茶过程中都有揉捻工序。所谓揉捻，就是用揉和捻的方式使茶叶面积缩小卷紧成条形，通称条茶。鲜叶直接揉捻时不能成条，是因为鲜叶硬、脆，另外揉捻是力的作用，如果用力不当，也不能成条。

（一）揉捻叶的物理性能对揉捻质量的影响

揉捻力作用于揉捻叶使之变形。揉捻质量首先决定于揉捻叶的物理性能。要求揉捻叶柔软性好，受力容易变形；韧性好，受力变形而不折断；可塑性好，受力变形后不容易恢复原状；还有黏性好，这与可塑性直接相关。

揉捻叶的水分含量与其物理性能，如柔软性、韧性、可塑性、黏性呈曲线关系。鲜叶水分多，细胞膨胀，其柔软性、韧性、可塑性、黏性都较差。一般含水量降到50%左右，物理性能最好。随着水分继续减少，物理性能随之下降。因此可以从揉捻叶的含水量来判断叶子的物理性能。

揉捻叶的叶温与叶子的物理性能也有一定的相关性。叶温高，内含物质的分子结构松懈，叶子的柔软性、韧性和可塑性都增强。特别是老叶纤维素含量多，柔软性和可塑性较差。叶温高对老叶的这些物理性能改善显著，所以质量较老的叶子多采用"热揉"。

叶子的嫩度不同，不仅是内含物质不同，其内含物质的化学稳定性也不一样。如嫩叶的叶绿素比老叶的容易被破坏。嫩叶热揉色泽容易变黄，产生低闷气味。所以，热揉多用于老叶，尤其是采用机揉。

揉捻过程的化学变化，并非对任何茶类都不利，如黄茶类、黑茶类等品质特征的形成，正需要加强这种化学反应。

（二）揉捻方法

除了鲜叶数量较少和专门的全手工做茶外，一般都是采用机械揉捻。揉捻机的装叶量依揉桶的大小而异，有 10～50kg 不等，是手揉量的几十到几百倍。一般装叶量越多，揉捻时间越长。机揉时间长，散热比手揉慢（水分散失叶比手揉少）。机揉的揉捻叶化学变化比手揉多，对茶叶的色、香、味会产生影响，越大的机子，影响越大，所以用于绿茶的揉捻机，不宜选择过大的揉桶。

（三）揉捻叶的成条过程

揉捻叶成条不是只用垂直于叶子的平压力，这种压力只能使叶子压扁，不能使之成条。必须是两个以上的力作用于松散的叶团，才能使叶团滚动，叶子受到挤压力，发生皱褶，由于主脉硬度较大，叶片皱褶的纹路，基本上与主脉平行，并向主脉靠拢。再者，由于皱褶，叶子弯曲受力细胞组织破裂，便增加叶质柔软性和可塑性。同时茶汁挤出混合，增加叶子的黏性。这些都为成条创造了更有利的条件。每张叶子皱褶纹路越多，越有可能揉捻成紧条。

揉捻第一阶段的叶团，需要获得压力，但加在叶团上的压力不宜太大，不然容易出现叶片重叠，造成断碎和不易成条。

随着揉捻叶的皱褶纹路增多，柔软性、可塑性和黏性增大，体积缩小，这时可逐渐加大压力。一方面使叶子皱褶得更好，纹路更多，形成粗条形。另一方面，叶与叶之间的摩擦力增大，叶子不同部位所受的摩擦力不同，运动的速度不一样而产生扭力，于是粗条经扭力作用扭卷成紧条。

嫩叶柔软性好、黏性大，可能不经过皱褶而直接扭卷成紧条。条索越紧，黏性越大，摩擦力也越大，所产生的扭力也越大。再继续加压力揉捻，嫩叶的条索就可能断碎。这时就应停止揉捻，用解块筛分的方法来将已成紧条的嫩叶分离出来。条索仍然粗松的老叶，继续进行第二次揉捻，并加大压力，以适应弹性较大的较老叶子，使之进一步皱褶、变形、扭卷成卷条。

柔软性、黏性大的叶子在揉捻过程中，容易几个叶子粘连在一起，滚转成团块。团块在压力的作用下越滚越紧。对于这种叶子，在揉捻加压过程中，要结合几次松压再加压进行处理。对于无法处理到位的，揉捻结束后再进行解块，严重的还要结合筛分进行。

炒青绿茶条索的圆直、紧结、整齐，主要是在揉捻后的炒干过程中形成的，与揉捻关系不大，但揉卷成条会为炒干成条打下良好基础，因此是必要的。揉捻促进细胞内含物质的混合作用，引起复杂的化学变化，与茶汤色味浓淡也有一定的关系。但是揉捻时间短、程度轻，内质影响不大。

（四）揉捻技术要求与分析

炒青绿茶外形要求是五要五不要：一要叶条，不要叶片；二要圆条，不要扁条；三要直条，不要弯条；四要紧条，不要松条；五要整条，不要碎条。

1. 力的作用

力分摩擦力和压力。摩擦力使叶子顺主脉卷转为椭圆螺形。增大压力可增大摩擦力，使叶子快速成条而卷紧。摩擦力和压力要巧结合，先用摩擦力，使叶子大部分初步卷转成叶条；再加压增大摩擦力，使叶子大部分卷成条索。最后去掉压力再使用摩擦力，使叶团松开，叶汁内渗，避免叶汁流失损失滋味物质。如先加压则容易产生扁条，不能揉成圆条。形成茶条后加压，使叶条收缩，挤出叶汁。叶汁挤出后去掉压力，再使用摩擦力，使叶条松开，叶汁回渗。这样可以解决圆条和扁条、茶汤浓与淡的矛盾。

2. 加压原则

加压是解决外形的技术措施，要先轻后重再轻，加压与放压相结合。加压与放压的时间比是 2：1，如加压 10min，放压 5min；或 3：1，如加压 15min，放压 5min。不可只加压不放压。

（1）加压技术　加压有压力轻重之分。轻压与重压是相对而言的。加压大条索紧结，加压小条索粗松。压力过大，叶条不圆而碎，揉捻不灵活；压力过小，叶条粗而松，甚至达不到揉捻的目的。叶嫩而少，加压力轻；叶老不论多少，加压力都要重些。

不论轻压或是重压都有时间长短的矛盾。加压时间过长，叶条扁而碎，加压时间过短，叶条松而粗。加压时间一般分 5min、7min、15min、20min 等几档。嫩叶短，老叶长；叶量少短，叶量多长。

加压时间长短，又与加压次数多少有关。叶嫩少，次数少，加压时间长些，叶老而量多，次数多，加压时间短些。次数至少轻重二次，至多轻、重、较重、重、轻五次。

加压有迟与早之别：过早叶条压扁不圆，过迟叶条松而不紧。叶嫩而量多迟些，叶老而量少早些。

总之，加压大小、时间长短和次数多少，以及加压早迟，是依叶质和杀青程度以及揉捻时间的不同而不同。简单来说，嫩叶加压轻，次数少，时间短，加压迟些，老叶则相反。揉捻时间长，加压全程时间也长，加压次数多些，加压总量大些。

（2）揉捻机的影响　揉捻机的转速，应掌握先慢后快再慢的原则。先慢才不会使叶条揉碎，也不会因热揉或摩擦发热叶温过高，而使叶质起不良变化。后快，叶条卷转成螺旋形的可能性就越大，可以使叶条卷得很紧，再慢，可使结团叶条松开，使未揉到的叶条进一步成圆直的叶条。

揉盘的棱骨构造与揉成条索有很大关系。棱骨弧形低而宽的适合揉细嫩鲜叶，揉粗老叶不易成条。弧形高而狭的适合揉粗老叶，揉细嫩叶容易揉碎。最好的揉捻机揉盘棱骨有活动装置，以适应叶质老嫩不同的要求。

（五）揉捻的技术措施

绿茶要热揉与红茶要冷揉不同。热揉叶软容易成条，而红茶热揉则会引起不良变化。一因叶量少、时间短、摩擦发生热量不大，叶温上升不高，内质变化不大；二是由于高温杀青，酶的活性已经完全或大部分破坏，酶促作用已经制止，没有破坏完全的残余酶的催化作用不大，不会改变品质。

冷揉，水分蒸发量减少，叶质稍硬化，就较难揉成紧条。并且炒后久置不揉，也会变色和散失香气。

热揉，要有相应的条件配合，特别是机揉。一是杀青要杀透杀匀，二是叶量宜少，揉速慢、时间宜短、加压力宜小。如配合不好，就会产生红梗红叶。

冷揉的条件：一是杀青要杀熟杀透；二是杀青叶摊放很薄，摊放不能过久；三是杀青揉捻时间不要过长，要防止因杀不熟而发黄。

绿茶揉捻的具体要求：一是绿茶冲泡次数少，茶汁不要全部挤出，细胞组织不要全部破裂，破坏率45%~65%；二是要揉成圆直紧结、整齐的条索。

揉捻不足，滋味和色泽都比较淡薄，不能形成紧结条索。揉捻过度，茶汁完全挤出，有些多酚类化合物自动氧化，茶汤不清，揉碎芽叶。炒青绿茶揉捻技术具体掌握如下：

1. 看叶质来决定揉叶量

首先看鲜叶，细嫩的叶量多些，粗老的叶量少些。其次看杀青叶，杀青时间短，含水量较多，揉叶量不宜过多，要避免外形弯曲。

2. 看揉叶量来决定揉捻时间

揉叶量多揉捻时间就长，揉叶量少揉捻时间就短。

揉叶量过多，揉捻时间过长，对香气有相当的提高，但汤色和叶底都不亮。叶量过多加大压力，不论时间长短都是条索碎细，下身茶较多。叶量过少，不论揉捻时间长短，条索不是粗松，就是碎小。

3. 揉捻时间决定揉捻程度和形状

揉捻时间长可减少粗大茶条，但是易造成断碎、叶尖折断，下身茶较多，形状不整齐。揉捻时间短，条索不紧，碎末茶少，头子茶多。

4. 揉捻快慢决定时间和形状

揉捻快易生碎片，芽尖易揉断，汤色浑浊苦涩，色泽带红。揉捻慢将延长揉捻时间，导致条索松散。

5. 解块与筛分

解块有决定外形的作用，使条索均匀，直而圆。筛分也有同样作用，并使嫩叶少揉而不断碎，老叶多揉而条索紧结。两者结合，才能达到五要五不要的要求。

叶子经过揉捻，有的顺主脉卷成圆直条，有的与主脉垂直卷转，或不圆而扁，卷成团块，条索扁而不直。因此，解块筛分技术把成团的叶条抖开，筛出细叶和碎片。同时使叶条伸直而不弯曲，并防止热揉叶温度过高，引起叶质变化而泛红。还可以把下面细嫩叶条分开，及时烘干，不会揉捻过度而断碎。

解块筛分的次数，根据揉捻的时间、叶质老嫩而定，一般是一两次。粗老叶比细嫩叶解块筛分次数少些。如叶条松散或粗老叶揉捻结束，就无需解块筛分。

解块筛分要迅速，否则水分散失过多，容易揉碎，尤其是粗老叶水分少，解块筛分更要快些。杀青过老，水分少也要快些。

（六）揉捻工段质量审评

揉捻技术好的条索，应是圆直整齐，扁曲碎片就不合要求。但是要揉卷很好，与鲜叶形质和揉捻机棱骨构造都有很大关系。实际上要全部揉得很好，全部卷成螺旋形，是不可能做到的。在生产中，只要 80% 以上成条，就算揉好了。

揉不成条索，主要是因为揉速过快，或开始就加压，或没有放压。扁条是加压过早过大产生的毛病。弯条主要是因为解块不匀，或没有解块。松条主要是加压过迟过小，或揉捻时间不够造成的。碎条是加压过早过大、揉速过快、揉捻时间过长等产生的毛病。

（七）揉捻技术与形质变化

揉捻主要是形态上和组织上的物理变化，化学变化是次要的。揉捻时间短，程度很轻，质的变化不显著。叶子经过揉捻后，由于受到两个平面的摩擦压力，就顺着主脉直卷为椭圆螺旋形的条索；如果与主脉垂直卷转，或卷而不圆，或卷成圆块，都不合要求。但是要卷得很好，鲜叶和技术都要有一定要求。实际上卷螺旋形的少，要全部卷得很好，更不可能。

软的幼嫩叶弹性不大，容易揉卷；硬的粗老鲜叶弹性大，不容易卷成一定的形状。叶内水分过多，涨性大，水分少，干而硬，都不容易卷成所要求的形状，而容易揉成碎片。至于卷条的松紧、曲直、粗细是与揉捻技术高低分不开的。

细胞破裂需要较大的压力，平面的摩擦力是不能压破细胞的。当叶子在两个平面之间，加有曲压力时，才能破坏细胞组织。曲压时，叶外表层的细胞受到两面之间的拉力而使皮膜裂开，使所含汁液流出叶面。

揉捻时间短，如茶汁没有流失，水分散失不大，最多不超过 2%~3%。例如 22℃的杀青叶含水量 60.54%，揉捻后水分含量减至 58.16%，流失量也没有超过 3%。

揉捻过程中，叶绿素含量减少不多，由杀青叶的 0.95% 减至 0.81%。杀青时叶绿素 a 比叶绿素 b 被破坏的多，可溶性氧化物变化不大，绿茶揉捻越多，可溶性的氧化物（指儿茶多酚类）减少越多，第一次揉后含量是 12.8%，第二次揉后含量是 12.2%。

可溶性糖总量增加，还原糖减少，非还原糖增加。可溶性果胶、氨基酸都有些增加，全氮量和咖啡因都减少。

一般使用揉叶量不多的小型单动揉捻机，便于缩短揉捻时间，避免发生高温引起各种不必要的化学变化而降低品质。由于揉叶量不多而揉捻时间短，揉捻技术对炒青绿茶的品质影响不大，较容易掌握。

三、干燥

干燥是制造各种茶类的最后一道工序，与制茶品质有密切关系，是很重要的工序之一。干燥过程除了去水分达到足干，便于贮藏，以供长期饮用外，还有在前几道工序基础上，进一步形成茶叶特有的色、香、味和形状的作用。

（一）茶叶干燥的作用

茶叶干燥与一般物体干燥的作用和要求不同。茶叶干燥是形成茶叶品质的重要过程之一。中国茶区长期流传着"茶叶不炒不香"和"茶叶香气是烘出来的"谚语，说明干燥对茶叶品质的重要性。在干燥经验的基础上建立了"火功""火候"的概念，来表示干燥的程度。

实践证明，目前应用的加温干燥方式是形成茶叶品质不可缺少的过程，干燥的作用不仅仅是除去水分，而更重要的是在蒸发水分的过程中，发生着复杂的、有水参与的热化学变化，这种变化在茶叶品质形成的过程中是不可缺少的。

（二）干燥技术的影响因素

干燥方法很多，归纳起来有空气传热的烘焙干燥，铁锅传热炒干燥，日晒、风吹的自然干燥。此外还有近十几年来新发展的远红外和微波干燥等。烘焙干燥有烘笼炭火烘焙，机械烘焙等。不同茶类的干燥方法不同，干燥技术也不同，影响干燥的因素很多，主要有温度、叶量及翻动。

1. 温度

不同方法和不同阶段的干燥温度相差很大，高的 150～160℃；低的 40～50℃。干燥中供应的热量，使叶温升高。调节干燥温度是为了保持一定的叶温，有经验的技术工人是随时掌握叶温变化来调节的。一般资料所指的干燥温度，除非标明是叶温才指叶子的温度。

由于茶叶的导热性差，传热慢，如果温度过高使叶子外层先干，形成"硬壳"，会妨碍叶子内部水分继续向外扩散蒸发。这种外干内湿的叶子，其内部凝结着水蒸气，所发生的化学反应使香味劣变，叶色干枯。这种茶叶在贮藏中，由于实际含水量较高，容易发生陈化霉变。温度过高还容易产生水分蒸发不匀。水分蒸发快的叶子含水量少，继续高温干燥，叶子升温快，叶温超过一定范围就产生老火香味；叶温更高的产生焦气味，甚至达到燃点、冒烟，使茶叶带有烟气味。

温度过低导致叶温太低，不仅水分蒸发慢，严重的是产生不利品质的热化学反应，茶叶香味低淡，不爽快。

叶温可以促使某方面的化学变化，也可以抑制某方面的化学变化。如制红茶，叶温可以促进发酵作用，也可以抑制发酵作用。是促进还是抑制，决定于叶温的高低。高温能抑制发酵作用，但高温又能促进非酶促性自动氧化作用。

叶温影响叶子内含物的热化学反应方向和速度。干燥过程中叶温掌握高低不同，会产生出色香味不同的制茶品质。各种茶类都有高温、中温和低温的范围。一般情况是高温产生老火香味（锅巴香味或炒豆香味）；中温产生熟香味（如绿茶的熟板栗香味，红茶的蜜糖香味）；低温产生清香味（如绿茶的兰花香味、红茶的清香味）。

叶温高可以消除水闷气味、青草气味、粗老气味以及一些其他不良气味。高温也会使良好的香味物质损失，降低制茶品质。

叶温的正常变化范围，低至 40～50℃，高至 70～80℃，一般是先高后低。影响干燥温度高低的因素很多，主要是叶温、叶量和含水量。

2. 叶量

叶量指炒烘方法的投叶量和其他干燥方法的摊叶厚度，即单位面积的摊叶量。同一设备、同一温度，叶量多，相应的叶温就低；反之，叶量少叶温就高。水分的蒸发快慢与叶量的多少成负相关。因此，叶量的多少主要根据制茶技术对叶温和水分蒸发速度的要求来确定。

干燥初期，叶子含水量较多，不仅要提高干燥温度，还要叶量少。干燥设备的最大排气量有一定的限度，当叶子蒸发的水蒸气量大于设备的最大排气量，这不仅抑制叶子水分的蒸发，而且使叶子处于相对高温，高气压条件下，容易产生"闷蒸现象"，水浸出物和多酚类化合物含量减少，产生水闷气味，使制茶品质降低。

随着干燥过程的进展，叶子含水量降低，叶量可以相应增多。叶量增多可以充分利用干燥设备，提高生产效率，有的茶类有一定的形状要求，增加叶量等于增加压力，增加叶堆内部的挤压力。在其他力的配合下，完成各种形状的塑造，使形状紧结，特别是圆形的茶类，更要求叶量多。

3. 翻动

茶叶导热性能差，不管是哪种干燥方法都会产生不同叶层的叶子受热不一样，叶温高低差异很大的情况。再者，叶层中间叶子的水分蒸发受到外层叶子的阻碍，使不同部分叶子干度差异很大。为了叶子受热均匀，干燥过程必须适当翻动，任何干燥方法都是如此。

叶子翻动，是一种力对叶子做功的结果。干燥过程，特别是初期，叶子的可塑性很大，任何力对它的做功，都能使之变形，翻动力同样可以使叶子形状改变。随着叶量的增多，翻动力必须增大，否则无法翻动叶子，对叶形的影响就更大。

叶子形状将变成什么样子，决定于翻动力的方向和力的大小，以及叶子在几种力的合力作用下的运动轨迹。所以翻动技术与茶叶的外形有一定关系，茶叶外形出问题，主要是翻动技术不适当所造成。

（三）干燥作用的阶段性与分次干燥

茶叶干燥既是水分蒸发过程，同时又是热化学变化过程和茶叶形状塑造的过程，要求干燥技术控制水分蒸发速度的同时，也要控制热化学反应方法和速度。有的茶类还要求控制叶子受力方向和力的大小，以塑造一定的形状。

上述作用过程是紧紧地相互联系在一起的，采用的某一项技术因素，只要能影响到水分蒸发的快慢，也就影响到热化学反应和茶叶形状的塑造。各种技术因素之间又是相互联系、相互制约，这就是干燥技术的复杂性。因此，当采取某项技术措施时要全面分析可能产生的影响和效果。

但是，茶叶干燥过程进展的不同阶段，对干燥技术要求也不同。一般可分为三个阶段。

第一阶段以蒸发水分和制止前一工序的继续作用为主，应提高温度，减少叶量。

第二阶段叶子可塑性较好，最容易发生变形，也是做形的最好阶段。各种茶类形状不同，要求的技术也不一样。

第三阶段，叶子水分已降到15%~18%，是形成茶叶香味品质的主要阶段。上文提到的叶温与香味的关系，主要是指这阶段的叶温。可以说这是做火功的关键阶段，应该注意到这阶段茶叶吸附性能在不断增强，周围空间如有优良的香气物质，会被吸附；如有烟气等不良香气，也会被吸附。

根据干燥的阶段性，产生分次干燥。有的将干燥过程，相应的分为三次干燥，有的分为两次干燥，也有的分为四次和五次干燥。从实现机械化自动化考虑，分多次干燥为好，技术因素容易调节。分次干燥还有一种作用，就是使干度均匀。因为上、下次干燥之间，有一个摊放过程，梗、叶不同部位的水分有充分的时间重新分布。摊放过程依各种茶类的需要，要掌握叶温、水分蒸发的动态，随时停止摊放。

四、萎凋

萎凋是白茶、青茶和红茶加工的第一道工序。有些绿茶由于种种原因不及时现采现制，先厚堆摊放而后杀青，虽有水分散失，像萎凋作用，但却不属于萎凋工序。依茶类不同对萎凋程度的要求也不同。萎凋是制作白茶的重要工序，要求萎凋程度最重，其次是红茶，再次是青茶。

鲜叶在通常的气候条件下，薄薄摊开，开始一段时间里，以散失水蒸气为主。随着时间的延长，鲜叶水分散失到了相当的程度后，自体分解作用逐渐加强。水分的丧失与内质的变化，叶片面积萎缩，叶质由硬变软，叶色由鲜绿转变为暗绿，香味也相应地改变。这个过程也称为萎凋过程。如果叶色变红或褐色，即为劣变。

萎凋过程中鲜叶的变化，一方面是物理变化，另一方面是化学变化。这两种变化是相互联系、相互制约的。物理变化既能促进化学变化，又能抑制化学变化，甚至影响化学变化的产物，于是出现制茶品质的差异性。反之，化学变化也会影响物理变化的进展。两者之间的变化发展和相互影响，是依温、湿度为主的客观条件不同而差异很大。萎凋要适度，符合制茶品质的要求，就要采取合理的技术措施。

（一）萎凋的物理变化

鲜叶水分的减少，是萎凋的物理变化的主要方面。长期以来红茶萎凋失水，在正常气候条件下人工控制的室内自然萎凋，遵循快、慢、快的规律。第一阶段，叶中游离水蒸发快；第二阶段，在"自体分解"和叶梗水分分散到叶的过程中，水分蒸发慢；第三阶段，自叶梗水分输送到叶片和自体分解的化合水，以及一些胶体凝固释放出的结合水，水分蒸发重新加快。萎凋过程如果气候不正常或人工控制不严密，水分蒸发的快慢也不一定，萎凋技术就是以人工控制水分蒸发的变化。

萎凋叶水分的大量蒸发，主要是通过叶背气孔蒸发，一部分水分通过叶表皮蒸发。水分蒸发速度不仅受外界条件的影响，也受叶片本身结构的影响，嫩的芽叶比老叶蒸发得快。

叶梗的水分比叶片多，但梗的水分蒸发较慢，并有一部分是通过叶片蒸发的。实践证明，整个芽叶萎凋 20h 后，梗的水分为 62%，如果梗叶分离后，在同一条件下萎凋，梗的水分为 66%。叶与梗萎凋速度比较见表 2-2。

表 2-2　　　　　　　　　　　叶与梗的萎凋速度比较

时间	水分/%			备注
	芽和叶	梗	整个芽叶	
萎凋前	76	85	79	①萎凋时间 20h
萎凋后	48	62	50	②梗单独萎凋后的水分为 66% ③梗的质量占 18%

随着萎凋的进展，水分的减少，细胞失去膨胀状态，叶质柔软，叶面积缩小；叶子越嫩，叶面积缩小比例越大（表 2-4）。据研究，萎凋 12h，第一叶缩小 68%、第 2 叶缩小 58%、第三叶缩小 28%。这与叶子嫩度不同的细胞组织结构不同有关。萎凋继续进行，水分减少到一定程度，叶质又由柔软向硬转化。首先是芽和叶尖、叶缘变硬发脆。这是实质上开始干燥的范畴。萎凋时叶子面积、大小变化见表 2-3。

表 2-3　　　　　　　　　　　萎凋时叶子面积大小变化

萎凋时间/h	第一叶	第二叶	第三叶
0	100	100	100
6	68	81	89
12	32	42	72
20	—	41	69

芽叶失水程度的差异，导致萎凋程度不均匀。造成这种情况的原因主要有两个：一是芽叶之间嫩度不同造成差异，这与鲜叶匀度差有关，这不利于提高制茶品质，要采取鲜叶分级措施克服；二是同样嫩度芽叶不同部位及梗之间的差异。总之，萎凋失水程度均匀是相对的，不均匀是绝对的。有些茶类，如制

青茶，采取两晒两晾的技术措施来调节水分蒸发均匀。这种措施能加速梗中水分往叶片输送，达到梗、叶水分比较一致。同时促进梗内的有效物质随着水分往叶片输送，制出特有风味茶叶。这不仅可以减少梗叶水分蒸发的差异性，而且利用这种差异还可以来提高茶叶品质。

萎凋叶含水量的变化，是温度、摊叶厚度、时间、空气流通等一系列技术条件所引起水分散失的标志。萎凋含水量对化学成分的影响不是孤立的，虽然含水量与其他条件不同，产生的化学变化也不相同，但化学变化是含水量所不能反映的。

随着失水率增大，氨基酸含量一直呈上升趋势，但增加速度不快。香气变化趋势与氨基酸相同；多酚类化合物随含水量降低而出现不同的变化趋势，适当增加或继续减少水分都可减少多酚类化合物的转化量。

（二）萎凋的化学变化

化学萎凋随着物理萎凋而进展。叶细胞组织的脱水，引起蛋白质物理化学特性的改变，细胞膜通透性加强，细胞器（线粒体、叶绿体、液泡等有形体）的结构和功能改变，细胞水解，一些贮藏物质和部分结构物质，如淀粉、蔗糖、蛋白质、果胶以及少量的脂肪物质等，分解成简单物质。如在酶的催化作用下，淀粉分解成葡萄糖，双糖转化为单糖，蛋白质分解和多肽分解成氨基酸，原果胶分解成水溶性果胶和果胶酸。

蛋白质的变化和分解，加速了叶绿素的破坏。在萎凋过程中多酚类化合物含量减少。正常的萎凋，减少量并不多，叶没有出现红色。多酚类化合物减少，是由于酶促作用而氧化。

总之，萎凋过程，叶内复杂的大分子物质分解而含量减少，简单的小分子物质增多。

鲜叶内含物在萎凋过程中的水解、氧化，使萎凋叶的干物质消耗，干物质的过多消耗对制茶品质不利。如白茶自然萎凋60h，干物质消耗量为3.9%~4.5%，以萎凋的头12h为最多。

化学变化大多数是在酶的催化作用下进行的，水分是化学反应的溶剂，也是化学反应的必需条件。前阶段失水促进自体分解，使干物质大量消耗；后阶段的迅速失水，反而抑制了自体分解。于是，采取合理的技术措施，控制温度、湿度、风量（单位时间的空气流通量）和摊叶厚度等技术条件调节物理变化的进程的同时，也应有效地掌握化学变化的进程，使干物质消耗减少，可溶性简单物质相对增多。

（三）萎凋叶的质量

萎凋的化学变化，致使萎凋叶的色、香、味与鲜叶大不相同。萎凋失水程度不同，烘焙后的成茶品质差异很大。萎凋轻度具有类似绿茶的香味，中度萎凋（40%~50%）则具有"发酵"味，重度萎凋（含水量40%以下）开始有白茶的香味。直接嗅萎凋叶的香气，不仅没有鲜叶原来的兰花清香，而且不同萎凋条件和不同失水程度的萎凋叶，香气类型也不同。正常萎凋叶一般近似水果香或花香；非正常的则有不良气味，有部分叶色红变，则有"发酵"初期的气味。这多数是由于湿度太大、通风不良、温度较高、水分不能正常蒸发、化学变化反常造成的。

萎凋的化学变化程度与制茶品质关系很大。

从制茶技术要求上说，萎凋的物理变化使叶质柔软，便于造形。白茶没有造形的要求，改变叶子的香味为主要目的。掌握萎凋的化学变化是制白茶的主要技术关键。有些绿茶经过摊放，引起轻度萎凋作用，目的不是为了造形，而是使绿茶的香味向"醇化"发展。而制红茶的技术措施不仅要求物理变化适度、叶质柔软、容易造形，还要求有适度的化学变化，提供更多的可转化为红茶香味的有效物质。过去一般认为蛋白质容易与多酚类化合物结合成不溶性的沉淀物，蛋白质含量和多酚类化合物的氧化以及糖类相互作用，可转化成具有愉快的花香味物质。萎凋的化学变化是制红茶所需要的。

到目前为止，关于萎凋化学变化的研究还不够。有的认为萎凋开始就是"发酵"的开始，用发酵理论来代替萎凋的化学变化理论。从制茶生产经验来说，这两者是有质和量的区别。有的认为萎凋过程还有呼吸作用，跟鲜叶的生理代谢一样，用正常的芽叶生理代谢规律来解释萎凋的一切变化，这是没有分清鲜叶与茶叶、氧化作用与呼吸作用、生活有机体和有机物的差别。

霍乔拉瓦经一系列试验后，认为温度对萎凋化学变化的进展影响很大。自然萎凋温度低（20℃），水分蒸发慢，化学变化也慢，人工加温萎凋，温度较高（40℃），物理变化和化学变化进展都快，萎凋时间可缩短到2~3h，同样可以得到优良品质的茶叶。

萎凋过程所引起的化学变化对制茶品质有很大的影响。在一定环境条件下，萎凋时间的长短与化学变化程度密切相关，萎凋时间的长短不仅是量的变化不同，而且质的变化也不同。萎凋时间过短，不利于制茶品质的提高。

萎凋程度依各种茶类对萎凋的要求而定，各种茶类基本上以水分散失多少作为萎凋程度的物理变化指标。如要求萎凋叶含水量红茶60%左右，白茶30%左右，青茶68%~70%。

萎凋的物理变化和化学变化两者进程如何协调，即当物理变化达到适度，化学变化质量也最好，需要怎样的条件才能达到，两者之间量的关系，还待进一步研究。

（四）萎凋的条件

萎凋技术措施，要求萎凋叶的理化变化程度均匀和达到适当程度，特别是不劣变、不红变，萎凋条件显得很重要。萎凋条件，首先是水分蒸发，其次是温度的影响，最后是时间的长短。其中以温度影响质量最为显著，时间所产生的影响不大显著；加热时间所产生的影响程度大于萎凋时间。

萎凋首先要蒸发水分，而水分的蒸发速度与空气中的相对湿度有密切关系。湿度低，蒸发得快；湿度高，蒸发得慢。萎凋叶水分蒸发的结果，是造成叶子表面形成一层饱和层，如果湿度低，空气中能容纳的水蒸气多，叶面水蒸气很快扩散到空气中，叶面蒸汽饱和状态就不存在，萎凋的物理变化就进行得快。空气中水蒸气是否饱和与空气的温度有密切关系。气温越高，吸收的水蒸气越多。如果30℃时，每立方米的空气中能收容50g水蒸气，而低于30℃时收容水蒸气量大幅下降。因此，空气中含有同样的水蒸气量时，温度高，相对湿度就低；温度低，相对湿度就高。所以温度高能加速水分蒸发。

萎凋室不通风，成为相对的密闭状态，而加温萎凋的初期，空气相对湿度低，加速了水分蒸发，同时，加温也加强了叶中水分汽化。时间延续下去使空气里的水蒸气量增多，相对湿度升高。这种状态不改变，随着时间的延长，水分汽化和液化逐渐趋于平衡，物理变化停止，叶温相对提高。这时萎凋叶还含有较多水分，化学变化加速，细胞膜的透性增加，酶的活化加强，自体分解由缓慢变为激烈，内含物的转化由缓慢的量变进而质变，这时萎凋的化学变化为"旧过程完结了，新过程发生了"，不正常地替代萎凋的化学变化是"劣变"作用。内含物循着劣变的途径转化成有色物质，萎凋叶红变。

所以，通风是萎凋正常进行的重要条件。特别是加温萎凋必须配合大量的通风量。流动的空气吹过萎凋叶层带走叶面的水蒸气，造成叶子周围低湿的条件，加速叶子水分的蒸发，促进萎凋的进程。水分在汽化时，要吸收热量（水的汽化热大约为2268kJ/kg）。风量越大，水分蒸发越快，叶温下降越多，化学变化进展越慢。

摆脱自然气候对萎凋的影响十分重要，目前萎凋设备在生产中广泛应用，萎凋设备有萎凋机、萎凋槽等，不管哪种设备，都必须有加温炉灶和鼓风机配件，并有调节温度和风量的结构。温度和风量必须密切配合。

温度是萎凋的主要条件，最高不得超过40℃，一般30~35℃。温度高容易产生劣变。具体温度的掌握要依据鲜叶含水量、嫩度等而定。一般原则是"先高后低"。

温度引起的化合物的变化，除氨基酸外，在 23~33℃时变化较小，而在 33~40℃时变化较大，化学反应速率变化特别敏感。酶促反应速度取决于酶活性随温度变化的关系。当温度升高到 33℃以上，随温度升高，主要化合物含量急剧下降，不利于萎凋品质。

风量依设备大小不同，萎凋机的风量为 17000~20000m³/h。萎凋机的风力要求能吹散叶层，犹如沸腾炉，使叶子不断地跳动。风量大，可以加快萎凋速度。目前萎凋槽的风力只可加大到以不吹散叶层出现空洞为原则。否则，空气将集中从叶层"空洞"通过，风压增大，芽叶向萎凋床四周飞散。风量大小与叶层透气性有密切相关，叶层透气性好，风量可以大些，反之要小些。如鲜叶嫩度好，芽叶小和萎凋后期的叶子透气性差，风量都要小些。风量小，温度必须随之降低，风量"先大后小"、温度"先高后低"成为萎凋槽的操作原则。因此，萎凋槽的摊叶厚度叶受到一定限制。同时，为了叶层上下部位的叶子萎凋程度均匀一致，还必须进行人工翻拌。这是萎凋槽的缺点，需要研究改进。

温度和风量与萎凋的理化变化密切相关，温度与化学变化的相关性大些，风量与物理变化的相关性大些。调节温度和风量，便可控制萎凋的理化变化的进展速度。掌握一定的时间，便可达到所需要萎凋程度。

五、闷黄

闷黄是黄茶的制法特点，是形成黄茶品质的关键工序。在黄茶加工过程中，虽然从杀青开始到干燥结束，都在努力为茶叶的黄变创造条件，但黄变的主要阶段，还是在闷黄工序。黄茶的闷黄工序先后不同，有的在杀青后闷黄，如沩山毛尖；有的在揉捻后闷黄，如北港毛尖、鹿苑茶、广东大叶青、平阳黄汤；有的在毛火后闷黄、如霍山黄芽、黄大茶。还有的闷炒交替进行，如蒙顶黄芽三闷三炒；有的则是烘闷结合，如君山银针二烘二闷；而平阳黄汤第二次闷黄，采用了边烘边闷，故称为"闷烘"。

影响闷黄的因素主要有茶叶的含水量和叶温。含水量越多，叶温越高，黄变进程也越快。

闷黄时理化变化速度较缓慢，不及黑茶渥堆变化剧烈，时间也较短，如时间较长（黄大茶），即含水量低，所以叶温不会有明显上升。制茶车间的气温、闷黄的初始叶温、闷黄叶的保温条件等，对闷黄进程影响较大。为了控制黄变进程，通常要采用趁热闷黄，有时还要用烘、炒来提高叶温，促进黄变，必要时也可通过翻堆散热来降低叶温。

闷黄过程要控制好叶子含水量的变化，防止水分的大量散失，尤其是湿坯堆闷要注意环境相对湿度和通风状况，必要时应盖上湿布以提高局部湿度和控制空气流通。

闷黄时间长短与黄变要求、叶子含水率、叶温密切相关。一般杀青或揉捻后的湿坯闷黄，由于叶子含水量较多，变化较快，闷黄时间较短。但黄变程度要求不同，闷黄时间差异也较大。如北港毛尖的闷黄时间最短，只需 30~40min，变黄程度不够重，因而常被误认为是绿茶。平阳黄汤的闷黄时间最长，需 2~3d，而且最后还要进行闷烘，黄变程度较充分。沩山毛尖、鹿苑茶、广东大叶青则介于上述两者之间，闷黄时间 5~6h。一般初烘后的干坯闷黄，由于叶子含水量少，变化较慢，闷黄时间较长。霍山黄芽初烘后摊放 1~2d，黄变不甚明显，变色很慢。黄大茶也因堆闷时水分含量低，黄变十分缓慢，闷黄时间长达 5~7d 之久。君山银针和蒙顶黄芽闷黄和烘炒交替进行，不仅制工精细，且闷黄是在不同含水率条件下分阶段进行的，前期黄变快，后期黄变慢，历时 2~3d。

六、做青

做青是青茶生产的重要工序，青茶色泽的变化主要通过做青工序完成。做青工序有三种不同的方法，即筛青（跳青）做青、摇青做青和做手做青，方法不同，质量也不同。筛青做青的质变变化大而较均匀；摇青做青比筛青做青质变变化稍轻，较不均匀；做手做青的质变变化最小而较为均匀。这是指正规做青而言。无论任何做青技术，如不正常，质变也不正常。以武夷岩茶类茶叶为例，进行简单的介绍。

筛青做青是凉青叶在水筛中，旋转跳动轻快而均匀，不致局部摩擦而呈现不规则的红变。叶片滚动时，叶缘因与其他叶片互碰，叶缘细胞部分被破坏，多酚类化合物因酶促作用氧化或自动氧化，叶缘出现红褐色。

在筛青做青中，叶面与其他叶片互碰不像叶缘那样着力，叶细胞不易破坏，细胞破坏率仅 24.38%，酶促反应受到很大限制，细胞组织未被破坏部分显现青色，因而称作"青茶"。多酚类化合物局部延缓地轻度氧化。但由于做青时间长，可溶性多酚类化合物随着筛摇次数的增加而减少。例如制岩茶，第一次摇青后含有可溶性多酚类化合物 13.26%、第五次为 9.03%、第八次为 8.99%。但因做青推动梗中的液汁分散至各叶面去补充叶面水分，延缓萎凋变化达到各叶萎凋均衡，同时把梗中的一部分成分输送到叶中去，增加叶中组织成分。所以在做青过程中，多酚类化合物时增时减，如第二次筛摇含有 11.37%，第三次增至 12.21%。

做手做青或称碰青，使叶片互碰，作用也在破坏叶缘细胞，以辅助筛摇时互碰力量不足，而促进质变。做手是补救筛摇不足或不匀的缺点，同时翻拌动作，使茶青筛中各部分质变能够均匀。

青茶变色主要也是酶促氧化作用，但变色是在揉捻前，与红茶在揉捻后不同。变色过程，温度低，湿度高，空气不大流通，多酚类化合物氧化作用受了限制，可溶性多酚类化合物大量保存而比红茶多，香气比红茶高，滋味也比红茶浓。

七、渥红（发酵）

在红茶生产过程中，叶色由绿色变为红色的过程，称为渥红。因其采用的方式和过程与发酵相似，习惯被称为发酵。渥红是制红茶的重要过程。没有发酵过程就不能形成红茶的品质特征。发酵的作用不正常，红茶的品质质量也就下降。

红茶发酵是在酶促作用下，以多酚类化合物酶促氧化为主体的一系列化学变化的过程，是红茶品质形成的关键工序。

（一）渥红目的

发酵的目的在于使芽叶中的多酚类化合物，在酶促作用下产生氧化聚合作用，其他化学成分也相应地发生深刻的变化，使绿叶变红，形成红茶特有的色香味品质。

红茶的发酵，虽在揉捻中已经开始，但在一般情况下，揉捻结束时，发酵都未完成，必须经发酵工序单独处理，才能在最适条件下完成内质的变化，提高茶叶品质。采取延长揉捻时间或提高温度，让发酵在揉捻中一并完成，取消发酵工序的做法，将使毛茶品质大为下降。

（二）渥红技术

发酵是以多酚类化合物酶促氧化为主体的一系列化学变化。这种变化需要在良好的条件下才能顺利进行。发酵的进展与质量的好坏主要与温度、湿度、氧气等外界因素有关。发酵技术的关键就是要提供最适的化学变化条件，达到最好的发酵质量，以提高红茶品质。

早期的红条茶发酵俗称发汗，把揉捻叶堆积，然后阳光晒渥，上盖厚布保温，也称"热发酵"。这种方式发酵条件难以控制，产品质量差，后发展为专用发酵室发酵，改善发酵条件，也称"冷发酵"，提高了发酵质量。20 世纪 70年代末发展为发酵车通气发酵，近年发展为使用发酵机控温控时发酵。目前使用最普遍的发酵方式仍是发酵室发酵。即设一专用发酵室，大小要适当，门窗设置要合理，避免阳光直射。水泥地面，四周开排水沟便于冲洗，室内装置调温增湿及通风设备，设置发酵架，每架设 8~10 层，每间隔 25cm，同时配备一定数量的发酵盒，揉捻好的茶叶摊在发酵盒内，依次放到发酵架上进行发酵。有些大型茶厂使用发酵车发酵。发酵车一般长 100cm、宽 70cm、高 50cm，呈梯形状，上宽下窄，下设有通气管道和通气室，搁板上有小孔通气，茶叶摊于通气搁板上，一般摊叶厚 40cm，每车装叶 60~70kg，通常由 30 车组成一个系列，由总管道鼓送一定温度的空气（26~28℃），分别送入排列两边衔接好的发酵车内，进行通气控温发酵。这对提高发酵质量，保证发酵的正常进行创造了良好的条件。

发酵室盒式发酵，设备简单，操作方便，发酵质量好，是目前使用最普遍的发酵方法。发酵时要控制好温度、湿度、供氧等条件。

1. 温度

发酵过程中，多酚类化合物氧化放热，使叶温升高，氧化减弱，叶温下降。所以叶温呈低、高、低的变化规律。一般发酵叶温较室温高 2~6℃，有时甚至更高。根据多酚氧化酶活化最适温度、内含物变化规律和品质要求，发酵叶温保持在 30℃ 最适，则气温以 24~25℃ 为宜。

发酵温度过高过低对品质都不利。温度过高，氧化过于剧烈，多酚类化合物氧化缩合成不溶性的产物较多，使毛茶香低味淡、色暗；温度过低，酶的活性弱，氧化反应缓慢，发酵难以进行，时间长，内质转化不能全面发展，同时影响工效，因此发酵温度的调控十分重要。发酵室应装有温度控制设备，如有些茶厂采用管道通入高温蒸气以增温增湿，一般在需要加温时，或在春茶前期气温较低时使用。有的在发酵室顶部装有旋转喷雾设备，用冷水喷雾，以降温增湿，一般在春茶后期和夏秋茶期间使用，这些都是比较简单易行的调温调湿的有效措施。对于一些条件较差的小型茶厂，也可在需要加温时用炭火加温，上面放水壶烧水，以增温增湿，并经常移动火盆位置，不宜靠近发酵盒。夏秋季气温高时，对发酵室地面勤洒水；也可用洁净的喷雾器对墙壁和室内喷雾，可降温增湿。另外还可通过摊叶厚度来调节叶温。不论采用哪一种方法，都应随时观察温度，及时调节，把发酵室温度严格控制在比较理想的范围内，以保持适当叶温，使发酵顺利进行。

2. 湿度

湿度一是指发酵叶本身的含水量，二是指空气的相对湿度。

发酵能否正常进行，以水分角度讲，主要取决于叶子本身的含水量，它影响叶汁浓度的大小。正常的发酵叶需要适当的浓度，有利于叶内物质转化和化学反应的进行，浓度过高过低，化学变化均受影响，造成发酵不足或不匀。叶子含水量过多，发酵时通气性能差，妨碍发酵的正常进行；含水量过少，也同样影响发酵的正常进行。因为水分既是茶叶发酵过程中各种物质变化不可缺少的介质，又是许多物质变化的直接参与者。因此，要使发酵顺利进行，必须保持叶子有适当的含水量。在生产中，进入发酵室的叶子因含水量过多而影响发酵的情况一般少见。主要是防止含水量少而影响发酵的进行。

揉捻叶进入发酵室后，叶子含水量受发酵室空气相对湿度的影响。若室内空气干燥，叶面水分蒸发快，表层叶子就会失水干硬，正常发酵受阻。湖南省茶叶研究所试验结果表明，相对湿度在63%~83%时，发酵叶的花青、暗条达25%~32.5%；相对湿度在89%~93%时，花青、暗条减少到16%~18.6%。说明在相对湿度高的条件下发酵质量比湿度低时好。因此，发酵室必须保持高湿状态，以相对湿度达95%以上较好。所以发酵室要采取增湿措施。温度是影响发酵质量的重要因素，包括环境温度与叶温两个方面。环境温度的高低直接影响叶温的高低。

3. 通气（供氧）

红茶发酵中物质氧化消耗大量氧气的同时也释放二氧化碳。据中国农业科学院茶叶研究所测定，制造1kg红茶，发酵中耗氧达4~5L。没有氧气，即使温、湿度控制得再好，发酵也无法进行。在缺氧条件下，发酵也不能正常进行。而从揉捻开始至发酵结束，每100kg叶子可释放30L的二氧化碳。因此，必须保持发酵室内空气新鲜，提供足够的氧气，同时排除发酵中所产生的二氧化碳。一般可在发酵室墙壁上部安装排气扇，需要时常打开，或者定时打开。也可定时打开门窗，使空气流通。

4. 发酵时间

发酵时间的长短因叶质老嫩、揉捻条件不同而差异较大。发酵时间从揉捻算起，一般春茶季节气温较低，需3~5h。夏秋季节温度较高，发酵进展快，发酵时间可以大大缩短，需2~3h。有时气温高，揉捻结束时，揉捻叶已接近发酵适度，甚至已达发酵适度，发酵时间则更短。因此，发酵时间是衡量发酵程度的一个参考指标，不能单看时间的长短，应以发酵程度为准。

5. 摊叶厚度

摊叶厚度影响通气和叶温。摊叶过厚，通气条件不良，叶温增高快；摊叶过薄，叶温不易保持。一般摊叶厚度以8~10cm为宜。嫩叶和叶型小的薄摊，老叶和叶型大的厚摊；气温低时要厚摊，气温高时要薄摊。摊叶时要抖松摊匀，不能紧压，以保持通气良好。发酵过程中适当翻抖1~2次，以利通气，使发酵均匀一致。

（三）渥红程度

红茶发酵过程内部各种化学成分发生了深刻的变化，外部特征也呈有规律的变化。叶色由青绿、黄绿、黄、红黄、黄红、红、紫红到暗红色。香气则由青气、清香、花香、果香、熟香，以后逐渐低淡，发酵过度时出现酸馊味。叶温也发生由低到高再低的变化，综合判断发酵是否达到适度。

发酵程度的掌握，是把握发酵质量的重要环节。如果发酵程度掌握不当，就会影响茶叶品质。若发酵不足，干茶色泽不乌润，香气不纯，带有青气，滋味青涩，汤色欠红，叶底花青；若发酵过度，干茶色泽枯暗，不油润，香气低闷，滋味平淡，汤色红暗，叶底乌暗。因此，必须严格掌握发酵程度。

生产中一般凭经验掌握，通过闻香气、看叶色，感官评定发酵程度。若叶子青气消失，出现发酵叶特有的一种清新鲜浓的花果香味，叶色红变，春茶一般泛青，即为发酵适度。若叶色不红，呈青绿或青黄色，带有青气，则发酵不足；若叶色暗红，香气低淡，甚至有酸馊味，则说明发酵过度。有的茶场（厂）采用开汤审评发酵叶，作为评定发酵程度的手段之一，是比较科学的。用测量发酵叶温作为判断发酵程度的辅助手段是简单易行的。一般在发酵叶叶中插入温度计，当叶温达到最高峰并开始平稳时为发酵适度。

在生产中，发酵程度通常掌握适度偏轻。因为发酵叶进入烘干机，叶温立即上升到终止发酵的温度，老式烘干机叶温上升更慢。随着烘干初期叶温逐步上升，酶的活化不仅不能在短时间内被立即破坏，反而有一个短暂的活跃时间，这一短暂的活跃时间内酶促氧化异常激烈地进行，即发酵叶在烘干初期仍然存在发酵作用。直到叶温上升到破坏了酶的活化后，酶促氧化才会停止。然后由于湿热作用，多酚类化合物的非酶促氧化仍在进行，到足干时才基本停止。根据这个实际情况，如果发酵叶在发酵适度或发酵适度偏重时才上烘，加上干燥中的这段变化，就会使发酵过度或严重过度而影响品质。因此，生产中对发酵程度一般应掌握适度偏轻，即所谓"宁可偏轻，不可过度"。发酵程度力求一致，切忌忽轻忽重。发酵后的叶子要立即上烘，严防发酵过度。

八、渥堆

黑茶内质色香味品质的形成，主要在初制的渥堆工序，关于产生这些复杂变化的机制，近 40 年来已形成三种不同的学说：一是酶的再生学说，该学说把渥堆出现的酶的活动，看成鲜叶的内源酶的变活；二是微生物学说，认为黑茶品质形成，是微生物活动的结果；三是湿热作用学说，认为是在高温高湿的在制环境下，各种内含化学成分自动氧化的结果。

湖南农业大学 1991 年采用传统渥堆与无菌渥堆工艺对照研究认为：黑茶渥堆的实质，是以微生物的活动为中心，通过生化动力——胞外酶，物化动力——微生物热，茶内含化学成分分解产生的热，以及微生物自身代谢的协调作用，使茶的内含物质发生极为复杂的变化，塑造了黑茶特殊的品质风味。

（一）微生物的作用

原黏附在鲜叶上的微生物，如酵母菌、霉菌和细菌等，经过高温杀青，几乎全部被杀死。在后续工序，如揉捻、渥堆（初期）又重新沾染微生物。渥堆中起主导作用的是假丝酵母菌，中后期霉菌有所上升，以黑曲霉为主，还有少量的青霉和芽枝霉。初期还有大量的细菌参与，主要是无芽孢细菌，少量的芽孢细菌以及金黄色的葡萄球菌。这些化能营养型的微生物，都是以渥堆叶为基质，获取其碳、氮化合物以及矿质元素和水分，利用杀青余热和本身释放的生物热作为能量，在体内酶系统的作用下，进行分解与合成代谢，开始自身的发育周期，同时分泌各种胞外酶。这些胞外酶的产生，对茶叶中各种相应物质进行酶促作用，使大多数化学反应的速度、效率乃至作用的方向均发生较大的变化，分解速度加快，一些简单的分解产物，又被微生物繁衍作为营养而吸收，加速其生长发育。而微生物呼出的 CO_2 和热量，在堆内积累，堆温增高，pH值降低。渥堆环境的不断变化，有些胞外酶被激发，有些受到抑制，各种色香味物质逐渐形成。

（二）酶促作用

鲜叶中的内源酶经杀青基本钝化。然而在渥堆中，酶系统的组成及活性都发生了根本性变化。主要表现为与鲜叶完全不同的多酚氧化酶同工酶得以形成，且有相当的活性强度。在电泳图谱上渥堆 6h 前没有发现酶带形成，当渥堆 12h 已有两条新的酶带，24h 的酶活性达到第一次高峰，36h 活性有所下降，当渥堆进行 42h 后，又出现第二次高峰。而在无菌渥堆的电泳图谱上，经 42h 的渥堆，始终没有发现新的同工酶组分的形成，更没有发现有杀青叶残余酶的"复活"。研究结果也证实，黑茶渥堆中，新的多酚氧化酶同工酶组分，来源于微生物分泌的胞外酶。

热稳定性较强的过氧化物酶，在杀青以后的揉捻叶与渥堆前期，有一定的残余活性存在，进入渥堆后，它们的活性逐渐减弱，18h 仅有残余，24h 以后就逐渐消失；无菌渥堆也基本一致。在传统渥堆中，微生物不能分泌过氧化物酶，而茶叶的内源过氧化物酶在渥堆中的作用是次要的。

鲜叶中存在较低的纤维素酶和果胶酶，杀青后基本钝化，在渥堆中，纤维素酶的活性有明显的增强，导致茶叶细胞组织的结构物质纤维素、果胶降解成可溶性的碳水化合物，这些碳水化合物一部分被微生物作为再生碳源予以利用，增强了微生物作用，同时一部分碳水化合物也增加了粗老原料制成黑茶茶汤的浓度。在生产实践中，经常发现渥堆过度的黑毛茶中，有许多被称为"丝瓜络"的叶张，叶肉全部腐烂无存，留下叶脉筋网，酷似丝瓜络。这与纤维素酶、果胶酶的活性很有关系。

鲜叶中酸性蛋白酶的活性很低，杀青后即钝化，在之后的渥堆中逐渐小幅度上升。可见渥堆中微生物的代谢活动可以分泌少量的蛋白酶而参与蛋白质的降解，但活性水平不及纤维素酶、果胶酶的酶促作用强烈。

　　黑茶渥堆过程中，已知各类酶的活性强弱不同，各种酶与微生物种群有一定的内在关系，湖南农业大学运用灰色系统模型对黑茶初制中各种酶活性与微生物类群数量之间，进行了关联度分析，结果表明：多酚氧化酶、纤维素酶、果胶酶活性与真菌数量变化存在较高相关度。酸性蛋白酶活性的高低则与真菌黑曲霉有较强的关联性。微生物酶学近年研究证实，黑曲霉是分泌胞外酶极为丰富的菌种，它不仅可分泌纤维素酶、果胶酶、蛋白酶、脂肪酶和多种糖化酶等水解式裂解酶，还可以分泌多酚氧化酶类；渥堆中出现大量酵母菌，也属于一类泌酶菌，对碳水化合物、果胶、纤维素及脂肪等有一定分解能力。细菌同样具有代谢上的全能性，正由于微生物在渥堆工序中种群的更迭及数量的消长，决定了渥堆过程酶体系的种类与活性水平；从而为渥堆变化提供了生化的动力原理。

　　鲜叶中有内源酶的存在，亦有微生物的沾染。经过杀青，在温度作用下，酶活性被钝化，微生物被杀死，揉捻叶又产生微生物的再沾染。渥堆中微生物进行急剧的增长繁衍，胞外酶产生新的酶促作用参与渥堆复杂的生化变化，在温度、湿度等诸方面的共同作用下形成了黑茶特有的品质。这就是渥堆的实质所在。

　　渥堆是形成黑茶品质的关键工序，它与红茶的堆积发酵不同，渥堆堆大、堆紧、时间长，并先通过杀青，在抑制酶促作用的基础上进行渥堆，这是黑茶特有的制造技术。

（三）渥堆的技术措施

　　黑茶渥堆是酶、微生物、湿热作用的综合结果，引起叶内的内含物发生了一系列的深刻变化，尤其是多酚类化合物的自动氧化。影响渥堆的因素主要是水分、温度和氧气。渥堆应把好三个技术要点。

1. 保温保湿

　　适宜条件：相对湿度为 85% 左右，室温一般应在 25℃ 以上，茶坯含水量在 65% 左右。若水分过多，易渥烂；水分过少，渥堆缓慢，且化学变化不均匀。

　　为了保持渥堆中水分不致散失或散失微小，除注意调节室内相对湿度外，可在堆面加盖湿布等物，尤其是在叶少堆小的情况下，通常要采取这种措施，既保持渥堆叶的含水量，又能促进化学变化。

　　在渥堆中，保湿也是形成品质优次的重要措施。杀青叶趁热揉捻，及时渥堆，都是保湿措施。

2. 堆实筑紧

　　渥堆除了保温保湿，茶还要适当筑紧，但不能过度紧实。因渥堆是在湿热作用下，部分多酚类化合物适度氧化，需要一定的空气，只需把成团的揉叶堆起，稍加压实即可。待堆 24h 左右，手伸入堆内感觉发热，茶堆表层出现水珠，叶色黄褐，嗅到有酒糟味或酸辣味，则应立即开堆复揉。

渥堆不足，叶色黄绿，粗涩味重；渥堆过度则显泥滑，再经复揉，则叶肉叶脉分离，形成"丝瓜瓢"，而且干茶色泽不润，香味淡薄。

3. 适度供氧

适度供氧一方面指多酚类化合物的适度氧化需要氧气，另一方面在黑茶渥堆中，有青霉菌、黑曲霉菌、黑根足菌等真菌类微生物繁殖，而这些真菌类微生物具有氧化酶的特性，可代替多酚氧化酶的作用，引起多酚类的变化，使叶色由暗绿色变为黄褐色。

综上所述，黑茶渥堆的实质，主要是在湿热作用下，多酚类化合物自动氧化的结果。即在一定保温保湿的前提下，随渥堆温度的增高，多酚类化合物氧化渐盛，叶绿素破坏加盛，叶色由暗绿变成黄褐，黑茶品质基本形成。

第三章　茶叶加工初制技术

第一节　绿茶加工

根据鲜叶原料的理化性质，运用适应的加工技术，生产别具一格的商品茶，称为名茶。

一、名优绿茶的品质特征及加工技术

（一）名优绿茶的概念

名优绿茶必须是绿茶中的珍品，产地自然条件优越，茶树品种优良，采制工艺精细，产品品质优异，风格独特，形、色、香、味俱佳，质量稳定，市场声誉高，有稳定的生产基地和批量产品，有注册商标和产品标准，理化、卫生指标达到国家相关标准要求。

名优绿茶按制作方法可分为炒青型（如龙井）、半炒半烘型（如兰溪银露）、烘青型（如黄山毛峰）三种。从制作角度讲，炒青型做形不易，制作难度大；半炒半烘型制作难度次之；烘青型制法简单，容易掌握。从形态上大致可分为以下几种：

（1）扁形　如西湖龙井、六安瓜片、太平猴魁；

（2）针形　如恩施玉露、安化松针；

（3）卷曲形　如碧螺春、都匀毛尖；

（4）圆形　如泉岗辉白、涌溪火青、绿宝石；

（5）条形　如信阳毛尖、庐山云雾；

（6）雀舌形　如特级黄山毛峰、兰溪毛峰；

（7）朵形　如长兴紫笋、安吉白茶、黄山毛峰。

（二）名优绿茶的品质特征

无论是何种类型和形态，其基本品质特征如下。

外形：色泽嫩绿显芽（毫），造形美观有特色；

香气：嫩（清）香高郁；

滋味：鲜醇柔和；

汤色：翠绿明亮；

叶底：嫩绿鲜明、完整。

（三）名优绿茶的制作要点

为了使产品达到名优绿茶品质特征的要求，在制作时必须掌握好以下要点。

（1）要讲究鲜叶的适制性　大叶类茶树品种和中小叶类茶树品种的夏季鲜叶，其茶多酚和酯型儿茶素含量偏多，制成的茶色泽深暗，滋味浓涩，香气粗糙，难以达到名优绿茶的品质要求。中叶类或小叶类茶树品种，叶色嫩绿，氨基酸含量高，茶多酚含量较低，适制名优绿茶。

（2）要尽量使色泽嫩绿　名优绿茶的色泽以"三绿"为佳，必须掌握好制作工艺及火功，这是名优绿茶制作成败的关键。务必做到：鲜叶摊凉程度稍重，杀青程度稍老，揉捻程度稍轻，干燥历时稍短，成茶水分含量稍低。只有这样，方能制出名优绿茶。

（3）造形要有特色　各种名优绿茶虽各有不同的形态，但有统一的要求。干看时，形状要一致，在扁茶中无圆茶，在圆茶中无扁茶；在直条中无弯条，在弯条中无直条，且大小一致，长中无短，短中无长，厚中无薄，薄中无厚，粗中无细，细中无粗。

（4）要确保香气滋味鲜醇柔和　饮用名优茶，不单纯为了解渴，而是更重于口味尝鲜的高层次要求。鲜醇柔和的产品，使人饮之可口，视之动情，既有饮用价值，又有品尝情趣，令人有清香沁脾，茶不醉人人自醉之感。因此制作名优绿茶要尽量避免浓烈、浓涩、生涩、熟味一类的产品。

（5）要使汤色和叶底绿亮　名优绿茶的汤色和叶底以嫩绿为上，黄绿次之，黄暗（绿黄）为下。要达到上等品质，茶树品质、加工季节、加工工艺及火功是关键。

（四）名优绿茶的加工技术

1. 机制毛尖茶的技术要求

（1）鲜叶要求　宜用中、小叶类茶树品种之鲜叶，以一芽一叶初展，芽长于叶的为佳；一芽二叶初展，顶叶包芽，二叶靠拢，芽叶平齐的为次。

（2）品质特征　机制毛尖茶属烘青型螺形茶（手工炒制属炒青型）。外形紧细卷曲如螺；色泽银绿隐翠，茸毛满布；香气清高持久；滋味鲜醇柔和；汤色明亮；叶底嫩绿匀整。

（3）工艺流程及要求　摊放要均匀，厚为 3~5cm，定时轻翻，使上下均匀失水，历时 2~4h，鲜叶减重率为 12%~14%。

杀青使用滚筒杀青机杀青，滚筒进料口一侧筒内空气温度在 120~140℃为宜，匀速投叶，及时将杀青叶置簸箕内摊凉，同时簸箕出焦叶，待杀青叶温度接近宜内温度时转入下道工序。

干燥在烘焙机上进行。机温 80~60℃，由高到低，手势弓形，将叶置两手掌中搓团，方向一致，用力均匀，每团搓揉 4~5 转入锅中定形，两团搓好后，合并解决抖散。如此反复，边搓团、边解块、边干燥，直到制品成螺形，茶叶干度达七成为止。

在制品成螺形，至七成干后，将温度降至 50~60℃，用搓团的方法进行提毫，用力要轻，方向一致，力量均匀，靠茶体在手掌中相互摩擦，把隐毫提起来。提完毫后，可适当提高温度（目的是提高香气）继续烘焙，随时轻翻，在制品含水量达 5%~6% 时起锅。

而后用竹筛割去粉末，捡除黄片。依据产品企业标准或客户订货要求，匀堆定级，包装入库。

2. 手工制作毛尖茶的技术要求

手工制作毛尖茶的原料要求、品质特征、工艺流程与机制毛尖茶基本相同。只是在制作过程中，全用炒锅及手工代替机器制作，变烘干为炒干。成品茶由烘青型变为炒青型。在具体制作上，有一锅到底，全程在锅中做完的，也有将揉捻、提毫工序出锅进行的。现将其制作工艺流程（方法及要求与机制毛尖茶相同）介绍如下：

杀青在炒锅中进行，锅温 120~150℃，白天观察锅底泛白，晚上发红即可。投叶量 400~500g，鲜叶下锅后，用手迅速旋转抖炒抛、抖 3~4 次，然后闷炒 2~3 转，动作要轻，翻拌均匀，杀匀杀透，不留"生叶"，旋转方向一致，为卷曲做形创造条件，茶不能在锅中停留，防止焦边焦叶，历时 2~3min。

杀青适度后，将锅温降至 70℃ 左右，在锅中热揉（如锅温一时降不下来，也可出锅在簸箕上揉捻），用单手或双手握叶，沿锅壁滚动翻转，方向一致，不能倒转。用力轻、重、轻，且要均匀，切勿用力过重，防止芽叶断碎，或茶汁渗出，粘锅结焦，影响品质。每揉三、四周解块一次，散发水气，避免闷郁。揉至基本成卷曲条、容易散开为适度。历时 15~20min。这是毛尖茶造形的关键性工序。锅温 60~50℃，先高后低。一锅揉坯分成两团搓揉，促使茶条卷曲成螺形，每团搓揉 4~5 转后放入锅中定形，两团搓好后，合并解块抖散。如此均匀用力反复操作，既要搓成螺形，又要保持芽毫完整。在制品达七成干时为宜，历时 15~20min。

在制品成螺形，达七成干后，将锅温降至 50℃ 左右。后续搓团提毫与炒干方法及要求与机制毛尖茶相同。

3. 毛峰茶的制作技术

毛峰在名茶中的品类很多，以贵州毛峰茶代表羊艾毛峰为例，其属于烘青型。制作方法可分为手工、机制和手工+机制三种。

（1）羊艾毛峰的品质特征 茶青为小叶种，一芽一叶标准，叶色嫩绿，匀齐。外形苗条，尚紧细，稍弯曲，色泽翠绿，露锋毫，锋苗完整。汤色碧绿、明亮；香气为嫩香；滋味鲜爽；叶底匀整、鲜活、嫩绿。

（2）毛峰茶的手工制作技术要点

鲜叶：采摘一芽一叶，无病叶、虫害叶，叶色嫩绿，无紫红叶，不带鱼叶、鳞片；

摊放：薄摊 2~4h，阴凉通风，清洁无污染，避免人为损伤；

杀青：炒锅杀青，投叶量 0.5kg 左右，锅温 150℃（锅底不现白，投叶有较明显炸声）以抛抖为主，杀青时间 3~5min，要求杀匀杀熟，绝对无生叶，无焦煳叶，无锅巴，始终保持炒锅干净，出锅后立即摊凉，迅速抖散冷却；

揉搓：单把滚球揉，以轻揉为主，边揉边理条，切忌重揉、揉碎和结团块；

初烘：薄摊，锅温 100℃ 左右，烘至六七成干，迅速冷却，回软；

理条、提毫：双手合掌，轻轻揉搓；

足烘：80~100℃ 烘干，含水量小于等于 6%，冷却；

包装：用食品袋装袋封口贮藏。

（3）机制毛峰的技术要点

以下为机制毛峰的工艺流程，除理条、提毫和烘干三项技术之外，其他的技术条件与要求均与机制毛尖相同。

鲜叶摊晾 → 杀青 → 摊凉冷却 → 揉捻 → 解块 → 理条 → 初烘提毫 → 足干 → 隔末检剔 → 定级匀装

毛峰茶理条：在 6CLZ-600 型理条机上进行。每次投揉捻叶 1.0kg~1.5kg，由于两端温度较低，投叶量可少些，温度控制在 60~80℃，由低到高，历时 10min 左右，茶条理直干硬不易变形即可。进行理条时务必注意两点：一是理条机往复速度须调整在 120~150 次/min 为宜，速度过慢，茶叶容易粘锅焦斑，过快则茶叶在槽锅中跳动碰撞，反而越理越乱，难成直条。二是温度宜在 60~

80℃，且先低后高，温度过高，茶叶很快干燥定形，茶条难于理直；温度过低，茶叶在槽锅内滚动时间过长，会导致茶叶色泽灰暗。

提毫初烘则是将理条叶置于烘干机上进行初烘，温度在60~80℃，由高到低，待理条叶烘到七成干时下机进行提毫。提毫时收茶置于两手掌中，同向轻用掌力使茶条相互摩擦，手指伸直，以免茶条弯曲。

足烘则是完成提毫作业后，保持60℃温度烘至含水量小于等于6%时起锅。烘焙过程中，要随时轻翻抖散，使茶叶均匀干燥。

4. 扁形茶炒制技术

（1）扁形茶的分类

按炒制工艺区分，可分为全炒型和半烘炒型两类。全炒型如西湖龙井、湄潭翠芽等，半烘炒型如贵州银芽、巴山银芽等。

按形态区分，可分为披针形、瓜子形、显毫和无毫等几种。

（2）品质特征

全炒型：外形扁、平、直、光滑、匀整，色泽黄绿或翠绿油润；香气高爽持久，既有炒香，又有栗香；滋味鲜浓回甘；汤色黄绿明亮；叶底黄绿鲜明、匀齐完整。

半烘炒型：形扁，匀整，白毫显露，色泽绿润；嫩香悠长，也有清香与花香；滋味醇和鲜爽，汤色黄绿明净；叶底黄绿鲜活。

（3）鲜叶要求　湄潭翠芽通常采单芽，龙井茶可以用一芽一叶，最好一芽一叶初展，以便炒制中做形收拢。

（4）扁形茶的炒制方式　名优茶的炒制，分手工、机制和手工结合三种加工方式。

手工炒制：技术精湛、灵活机动、品质上乘、卖价高。多用于产量不大，刚投产茶园和企业创立或保持名牌产品的高档茶。

微电脑控制一体化茶机炒制：利用手工制茶的原理发展成为机械制茶。工效高，品质较匀整，工艺掌握好，品质稳定。

微电脑控制一体化茶机炒制与手工结合：微电脑控制一体化茶机炒制不如人的双手灵活与万能，有其局限性。如炒制龙井茶，无法磨光，且颜色灰暗，必须在产品定形后，借助手工磨光。

湄潭翠芽茶制作工艺：湄潭翠芽茶是20世纪50年代初期，由浙江炒龙井茶的师傅在湄潭茶场传教炒龙井茶的工艺技术，后湄潭茶场根据湄潭苔茶原料及加工设备等情况进行工艺调改而成的工艺，包含手工和机制两种工艺，工艺流程如下：

杀青搭条 → 摊坯 → 二炒搭坯 → 三炒压坯 → 选坯

杀青搭条：杀青和搭条是湄江茶外形内质兼优的关键。杀青锅温 120℃ 为宜，投叶量 150g 左右，杀青时间约 5min。茶叶变软失去光泽，锅温降温至 75℃ 左右，转为搭条。

炒至五成干左右起锅摊坯，使水分重新分布。

二炒搭坯：锅温保持 75℃ 左右。投坯量 250g 左右，要求坯扁平直，炒至七成干左右起锅，再次摊坯。

三炒搭坯：锅温 65℃ 左右，投叶量 200g 左右。以搭、推、压为主，随着炒坯的失水程度掌握"轻重轻"的炒制。起锅前 3～5min，主要是搭坯、磨光表面，达到坯扁平直，色泽光滑翠绿，炒到含水量达 4%～5% 即起锅。

选坯：主要是筛茶隔除碎茶及片末，使坯形净度及色泽一致。

二、大宗绿茶加工技术

（一）炒青绿茶初制技术

绿茶初制一般都要经过杀青、揉捻、干燥三个工艺流程。要求高温杀青，适度揉捻，及时干燥，由于干燥方法不同，有炒青茶、烘青茶、晒青茶等之分。

1. 杀青

影响杀青质量的因素有锅温、投叶量及时间等。它们是一个整体，互相牵连，相互制约，不能机械地加以分割。

（1）锅温　温度以鲜叶投进去有轻微炸声为宜，投叶前锅温度 200～230℃，锅底白天灰白色，夜晚弱光下显微红色，即为锅温适度，有条件杀青后期温度以 140～160℃ 为佳。

（2）投叶量及时间　投叶量根据温度高低和是否有露水叶而定，一般投叶 20kg～22.5kg，需时 8～10min。露水叶投叶量要少，且提高温度。高温杀青标志是能迅速使叶温达到 80℃ 以上，抑制酶活力。

准确地判断杀青是否适度，是保证产品质量的关键。杀青适度的标准一是颜色由鲜绿变为暗绿；失去光泽，不生青，不黄熟，不焦边，无红梗红叶。二是青草气基本消失，略有清香；无水闷气，无熟闷气，无烟焦气。三是手握叶子柔软，略带黏性，嫩茎折不断，紧握成团，稍有弹性。四是嫩叶失重 40% 左右，老叶失重 30% 左右。

2. 揉捻

不同型号揉捻机的投叶数量：40 型为 10kg；45 型为 15kg；50 型为 25kg；55 型为 33kg；65 型为 55～60kg。

揉捻程度要求：一是同批叶的揉捻程度均匀，3级以上成条率要达85%以上；4~6级要达70%以上；二是叶内细胞破损率45%~65%；三是茶汁黏附于叶面，手摸有滑润粘手之感；四是条索卷紧不扁，嫩叶不碎，老叶不松。

3. 干燥

应根据各茶场的设备，以及成本核算而灵活选择干燥方法。若全用滚筒炒干，则分炒二青、三青和辉锅三个过程。长炒青之名由此而来。若有烘干机则可取代炒二青。其工艺流程如下：

揉捻叶子 → 滚炒二青（烘）→ 滚炒三青筛分上下 → 辉锅 → 低温烘干 → 摊凉冷却 → 装袋

滚二青（以烘为好）：其主要作用是蒸发水分，使茶条卷拢光滑，为炒三青准备条件。为保证滚二青质量，必须掌握高温、少量、排气、快滚的原则。炒干机壁温度180℃左右，以先高后低，不产生爆点为度，投叶量20kg~25kg，过多会产生蒸闷气，影响香味和叶色，过少易产生烟焦气，时间15~25min，炒到手捏成团，松手会慢慢散开，叶色墨绿，茶条较紧结，叶子不粘手，茶坯达六成干左右，含水量掌握40%以内，即可出锅摊凉。

炒三青和辉锅：两者的主要作用是整形和增加香味，形成绿茶特有的外形及内质，且继续蒸发水分。投叶前筒温为110~120℃，叶温45℃左右为宜。过低香味低闷，色泽枯暗，过高易起爆点，条索不易炒紧。投叶一般为20kg~25kg，二青叶含水量高的宜少投，反之宜多投，以翻炒顺畅，不产生扁条为原则。时间30~40min，炒至八成干（含水量20%左右）为适度，手捏有触手之感，但不易断碎。

三青叶出锅后筛分，分成上、下两段或上、中、下三段，分别摊凉30~40min。

辉锅：上段茶先入锅，投叶前筒温90~100℃，待叶子炒热后，适当降低温度，使叶温保持在40℃左右，投叶量24~28kg，滚筒转速以18~20r/min为好，时间40~50min，炒至九成干即可（含水量约10%），出锅全摊凉。

滚干：使茶叶沿筒壁滚动，以茶叶不被抛散为度。投叶量35kg~40kg，叶温控制在40~42℃，时间60~80min，滚到40~50min后，投入三青叶下段茶。

滚干程度的掌握，含水量4%~5%，表现为用手指捻茶叶合碎成粉末；火力适当，防止偏高；色泽绿润，不要求起霜（滚炒时间较长自然霜也可）。出锅后适当摊凉后装袋，严防受潮或污染异气味，注意保质。

（二）烘青绿茶初制技术

烘青绿茶大多数都是作为窨制花茶的茶坯，一是供应消费者的需求；二是尽量发挥茶坯的经济价值。其制法分杀青、揉捻、干燥三道工序。

（1）杀青 烘青杀青的目的和方法与炒青绿茶基本相同，无甚差异。

（2）揉捻 烘青绿茶绝大部分系内销，要求耐泡，条索完整，有毫更佳，揉捻程度则要比炒青绿茶轻一些。揉捻中最好采用分筛复揉，尤其是老嫩混杂的原料，效果更为显著。

（3）干燥 烘青前半小时加温准备，采用自动烘干机，温度为 110～120℃，摊叶厚度 1～2cm，每分钟上叶 3～4kg，时间快速 10min，中速 15min，慢速约 20min。烘干叶出机后要立即摊凉 1h 左右。

足火温度在 90～100℃，经中速或慢速时间，即可达到干燥要求程度，再经摊凉后装袋。无论毛火、足火都要注意烘箱底部的脚茶，应经常清理，分开摊放装袋。

（三）晒青绿茶初制技术

鲜叶经过杀青、揉捻以后利用阳光晒干的绿茶统称"晒青"。晒青的产地主要有云南、四川、贵州、广西、湖北、陕西等省（自治区）。主要品类有云南的"滇青"、广西的"桂青"等。晒青茶除一部分以散茶形式销售饮用外，还有一部分经再加工制成紧压茶销往边疆地区，如将湖北的老青茶制成"青砖"，云南、四川的晒青加工成"沱茶""康砖"等。

（四）蒸青绿茶加工技术

蒸青绿茶是我国古代最早发明的一种茶类，它以蒸汽将茶鲜叶蒸软，而后揉捻、干燥而成。蒸青绿茶常有"色绿、汤绿、叶底绿"的三绿特点，美观诱人。唐宋时就已盛行蒸青制法，并经佛教徒传入日本，日本至今还沿用这种制茶方法。蒸青绿茶是日本绿茶的大宗产品，日本茶道用的茶叶就是蒸青绿茶中的精制产品——抹茶。日本的蒸青绿茶除抹茶外，尚有玉露，煎茶、碾茶等。我国现代蒸青绿茶主要有煎茶、玉露，煎茶主要产于浙江、福建、安徽三省，其产品大多出口日本。玉露茶中目前只有湖北恩施的"恩施玉露"仍保持着蒸青绿茶的传统风格。除恩施玉露之外，江苏宜兴的"阳羡茶"，湖北当阳的"仙人掌茶"，都是蒸青绿茶中的名茶。

安顺市 2008 年就建立了贵州省第一条蒸青片茶生产线，与浙江绍兴市合作加工抹茶原料，2016 年又建立抹茶精制生产线。贵州已经发展有 40 多条蒸青生产线，贵州具备每年近 4000t 高品质抹茶产能，并符合欧盟认证产品标准，不仅畅销国内各地，还出口至美国、加拿大、澳大利亚、德国等 10 余个国家和地区。

我国目前已生产成套的蒸青茶加工设备，可以实行连续化生产。初制蒸青茶又称碾茶，即抹茶的原料茶。其工艺流程如下：

茶青摊凉→ 蒸气杀青 → 冷却 → 叶打 → 粗揉 → 平揉 → 中揉 → 精揉 → 烘干 →

筛拣 → 匀堆装箱

1. 原料的选择

由于抹茶的生产时间较短，只有 50d 左右，茶叶树种要选择无性系繁殖技术培育而成的，仅用 4 月、5 月两个月出产的优质鲜茶叶做原料，并且还要求氨基酸、蛋白质和叶绿素含量较高、茶多酚和咖啡因含量较低。这样，茶园的管理除了日常的管理外，在芽生长期间必须搭设篷架，用遮阳网遮光，减少日照，减缓茶树的生长，使茶叶呈现浓绿色，提高氨基酸含量，降低茶叶的苦味。遮盖方式：在茶叶芽展开 1~2 叶时遮光率为 60%~70%。经 7~10d 茶芽展至 3 片叶时，把遮阳网揭开，使茶树在阳光下生长 1d，然后再把遮阳网盖上，遮光率为 70%~80%。从遮盖开始，约 15d 即可采摘新鲜茶叶。采摘方法：右手的食指和拇指指尖轻轻夹住新梢上的叶根部位，用力将嫩叶采摘下来，随采随投入茶篮中。由于采摘下的鲜叶仍具有一定的生理机能。呼吸作用加强，从而放出一定的热量，如果堆压过紧热量不易迅速散发，会引起鲜叶发霉变红，所以采摘的过程中，为防止鲜叶变质，采摘时要使芽叶完整，在手中不可紧捏，放置茶篮中不可紧压，以免芽叶破碎、叶温升高。新鲜茶叶采下后，要放置在阴凉处，不可隔夜，并要及时加工。

2. 鲜叶处理

采摘后的新鲜茶叶平摊在装有鼓风机的平板上，在鼓风机的吹动下，通过面板上的孔眼，对新采的茶叶进行除湿。平摊时，茶叶的厚度要均一，并且要每隔一段时间翻动一次，保证每片叶子都被吹到。3h 后，当手触叶片没有明显的潮湿感时，方进行蒸青。

为了保证鲜叶质地一致，可以采用切割机对鲜叶原料进行切割。同时，为避免单片叶挂在蒸青机的网上产生焦香而影响茶叶品质，需采用鲜叶筛分机专门去除单片的茶叶。

3. 蒸汽杀青

鲜叶最好在采摘当天进行蒸汽杀青。除湿后的叶片放在传输带上，传输带会自动将鲜叶经平输、立输、斜输进入蒸青机，在 120℃ 温度下，在蒸汽室、蒸清室、金属网筒的作用下，制止了鲜叶中酶的活性，保持绿茶特有的鲜绿色泽，散发鲜叶的青臭气并保留茶香，增进叶子的柔软性，经过蒸青后的鲜叶自动进入冷却机，进行冷却处理。

4. 散茶冷却

从蒸青机排出的蒸青叶的温度为 60~80℃，通过本机吹入冷风的作用使其急速冷却，叶片用冷风吹起4~5次，吹至6m高左右，用以散开、冷却、除去表面水分。同时，叶片被多次抛起可以确保杀青后充分展开，避免折叠变黑。为了确保散茶效果，经过输送网片的茶叶一般不超过150g/m²。

5. 叶打

叶打机内的炒手会将含水率高达75%~80%的蒸青叶搅动，使蒸叶间得以充分地离散，并在热风的作用下，使茶叶的含水率恒率地下降到70%左右。

6. 粗揉

叶片进入粗揉机后，靠揉手的揉搓，挤压出蒸叶的内部水分，延长恒率失水的持续时间，防止茶叶叶温上升，并干燥叶片，使茶叶的含水率从70%降至50%左右。

7. 平揉

当经过粗揉后的叶片进入揉捻机后，揉捻机将会利用自身的装置，使茶叶进一步挤压出水分，实现茶叶整体水分均一。

8. 中揉

为了再次减少叶片中的水分，中揉机会靠内部回转筒和揉手的搅拌、挤压和导入桶内的热风作用，使叶片表面水分蒸发和内部水分扩散，保持一段恒率干燥的过程，而中揉的后期则经历衰减干燥，并随着叶温的上升，进行整形操作，使茶叶揉成细长形出筒体。

9. 精揉

点燃液化气，把精揉机加热，当机器上的弧形锅加热到五成热时，用簸箕把精揉后的茶叶倒进精揉机内，精揉机会使中揉茶叶呈加压状态在弧形的热锅中来回搓揉，茶叶受热揉锅的传导热作用，在整形过程中不断蒸发水分，在形成圆形针状外形的同时降低含水率在15%左右。

10. 干燥

用连续烘干机使茶叶的含水率从20%左右均匀降低到5%~8%，达到干燥的目的，得到蒸青茶初加工产品。

第二节　黄茶加工

黄茶的"黄汤黄叶"类似咖啡的"焦糖香"和浓醇滋味等品质特点，与炒制技术关系极为密切。黄茶的加工过程大致分为杀青、闷黄和干燥，其中对黄茶品质特征形成的关键工序是闷黄。

一、杀青

黄茶杀青的原理目的与绿茶基本相同，但黄茶品质要求黄叶黄汤，因此杀青的温度与技术就有其特殊之处。根据黄茶制造中内含物质的变化规律和品质形成的原理，杀青温度应比绿茶低，一般控制在 160℃ 以下，在炒法上应采用多闷少抖。这样，一是为了杀透杀匀；二是造成高温高湿条件，使叶绿素受到较多破坏，多酚氧化酶、过氧化物酶失去活力，多酚类化合物在湿热条件下发生自动氧化和异构化，叶黄素显露，淀粉、蛋白质发生水解作用生成单糖、氨基酸，为黄茶浓醇滋味和黄色形成奠定基础。

二、闷黄

闷黄是形成黄茶品质的关键工序。依各种黄茶闷黄先后不同，分为湿坯闷黄和干坯闷黄。湿坯闷黄是在杀青或揉捻后进行的堆闷变黄，干坯闷黄一般是在初烘后进行的堆闷变黄。湿坯闷黄，因茶坯含水量较高，变化较快，闷堆时间应短，一般闷 6~8h 即可。如时间过长会使汤色叶底黄暗。干坯闷黄，因茶坯含水量较低，变化较慢，闷堆时间可适当延长，如时间过短，黄变不足，汤色叶底青黄，滋味也较浓涩，如黄茶属干坯闷堆，一般需堆闷 5~7d。

在闷黄过程中，由于湿热作用，多酚类化合物总量减少很多，特别是 EGCG（表没食子儿茶素没食子酸酯）和 EGC（表没食子儿茶素）大量减少，这些酯型儿茶素自动氧化和异构化改变了多酚类化合物的苦涩味。据测定，氧化后儿茶素的保留量在绿茶和红茶之间，形成黄茶特有的金黄色泽和较绿茶醇和的滋味。

此外，叶绿素由于杀青、闷黄大量被破坏和分解而减少，叶黄素显露是形成黄茶黄叶的一个重要变化。

三、干燥

黄茶干燥分两次进行。

毛火温度控制应较低，以便水分缓慢蒸发，干燥均匀，并使多酚类自动氧化，叶绿素以及其他物质在热化学作用下缓慢地转化，促进"黄汤黄叶"品质特征进一步的形成。

足火应采取较高温度烘炒，以使茶叶在干热作用下，酯型儿茶素受热分解，糖类转化为焦糖香，氨基酸转化为醛类物质，低沸点的青叶醇大量挥发，残余部分发生异构化，转化为清香物质，同时高沸点的芳香物质香气显露，构成黄茶浓郁的香气和浓醇的滋味。

第三节　黑茶加工

黑茶的基本工艺流程是杀青、初揉、渥堆、复揉、烘焙。黑茶一般原料较粗老，加之制造过程中往往堆积发酵时间较长，因而叶色油黑或黑褐，故称黑茶。黑茶曾经主要供边区人们饮用，所以又称边销茶。黑毛茶是压制各种紧压茶的主要原料，各种黑茶的紧压茶是藏族、蒙古族和维吾尔族等少数民族日常生活的必需品，有"宁可三日无食，不可一日无茶"之说。黑茶根据产区和工艺上的差别，可分为湖南黑茶、湖北老青茶、四川黑茶和滇桂黑茶等。

一、杀青

由于黑茶原料比较粗老，为了避免黑茶水分不足杀不匀透，一般除雨水叶、露水叶和幼嫩芽叶外，都要按 10∶1 的比例洒水（即 10kg 鲜叶加 1kg 清水）。洒水要均匀，以便于黑茶杀青能杀匀杀透。

1. 手工杀青

选用大口径锅（口径 80~90cm），炒锅斜嵌入灶中呈 30° 左右的倾斜面，灶高 70~100cm。备好草把和油桐树枝制成的三叉状炒茶叉，三叉各长 16~24cm，柄长约 50cm。一般采用高温快炒，锅温 280~320℃，每锅投叶量 4~5kg。鲜叶下锅后，立即以双手匀翻快炒，至烫手时改用炒茶叉抖抄，称为"亮叉"。当出现水蒸气时，则以右手持叉，左手握草把，将炒叶转滚闷炒，称为渥叉。亮叉与渥叉交替进行，历时 2min 左右。待黑茶茶叶软绵且带黏性，色转暗绿，无光泽，青草气消除，香气显出，折粗梗不易断，且均匀一致，即为杀青适度。

2. 机械杀青

当锅温达到杀青要求，即投入鲜叶 8~10kg，依鲜叶的老嫩，水分含量的多少，调节锅温进行闷炒或抖炒，待杀青适度即可出机。

二、初揉

黑茶原料粗老，揉捻要掌握轻压、短时、慢揉的原则。初揉中揉捻机转速以 40r/min 左右、揉捻时间 15min 左右为好。待黑茶嫩叶成条，粗老叶成皱褶时即可。

三、渥堆

渥堆是形成黑茶色香味的关键性工序。黑茶渥堆应有适宜的条件，黑茶渥堆要在背窗、洁净的地面，避免阳光直射，室温在 25℃ 以上，相对湿度保持在 85% 左右。初揉后的茶坯，不经解块立即堆积起来，堆高 1m 左右，上面加盖湿布、蓑衣等物，以保温保湿。渥堆过程中要进行一次翻堆，以利渥均匀。堆积 24h 左右时，茶坯表面出现水珠，叶色由暗绿变为黄褐，带有酒糟气或酸辣气味，手伸入茶堆感觉发热，茶团黏性变小，一打即散，即为渥堆适度。

四、复揉

将渥堆适度的黑茶茶坯解块后，上机复揉，压力较初揉稍小，时间一般6~8min。下机解块，及时干燥。

五、烘焙

烘焙是黑茶初制中最后一道工序。通过烘焙形成黑茶特有的品质即油黑色和松烟香味。干燥方法采取松柴旺火烘焙，不忌烟味，分层累加湿坯和长时间的一次干燥，与其他茶类不同。

黑茶干燥在七星灶上进行。在灶口处的地面燃烧松柴，松柴采取横架方式，并保持火力均匀，借风力使火温均匀地透入七星孔内，要火温均匀地扩散到灶面焙帘上。当焙帘上温度达到70℃以上时，开始撒上第一层茶坯，厚度2~3cm，待第一层茶坯烘至六七成干时，再撒第二层，撒叶厚度稍薄，这样一层一层地加到5~7层，总的厚度不超过焙框的高度。待最上面的茶坯达七八成干时，即退火翻焙。翻焙用特制铁叉，将已干的底层翻到上面来，将尚未干的上层翻至下面去。继续升火烘焙，待上中下各层茶叶干燥到适度，即行下焙。

六、自然晾置

自然晾置干燥法为传统干燥工艺，黑砖仍采用这种传统工艺，茶叶压制成形后，置于阴凉通风之处10~15d。如"千两茶"则用日晒夜露49d的干燥工艺，让水分缓慢干燥。

七、新型黑毛茶加工

（一）产品品质特征

新型黑毛茶的外形条索尚紧、匀整，色泽黑润，香气纯正浓，滋味醇厚，汤色橙黄浓，叶底尚软、黄亮。

（二）加工技术

工艺流程：

> 鲜叶采摘（→摊放）→ 杀青 → 揉捻 → 渥堆（→初烘→复揉）→ 干燥 → 储藏

1. 鲜叶采摘标准与管理

鲜叶标准以一芽三四叶，同等嫩度的单片叶、对夹叶为主。茶园鲜叶及时分批分期采摘，鲜叶匀净、新鲜和清洁卫生，不夹带非茶类杂物，进厂的鲜叶严格按标准验收，划分等级、及时摊放，防止鲜叶机械破损和发热红变等。

2. 摊放

（1）用具　将鲜叶及时摊放在专用的摊放架或通风槽，及时散热处理。

（2）摊放方法　把鲜叶抖散摊平，使叶子呈自然蓬松状态，厚度不超过40cm，并适时翻动，防止发热红变。

（3）摊放时间　根据鲜叶含水量及气温，可以摊放4~8h，也可以在鲜叶进厂冷却后随即杀青。贯彻"嫩叶重摊，老叶轻摊"的原则。

3. 杀青

（1）设备　采用60型、80型连续滚筒杀青机，或110型、120型瓶炒机进行杀青。

（2）温度　温度先高后低，连续杀青机进叶口温度达到220℃左右（不同型号和生产厂家的机器所测温度位置不一样，温度差异也很大，根据实际情况灵活掌握）。

（3）投叶量　以80型连续杀青机为例，每小时投放鲜叶量350~400kg。粗老叶在杀青前洒5%~8%的清水。

（4）杀青时间和程度　杀青以杀匀、杀透为原则，连续式滚筒杀青机以65~75s为宜，瓶炒机3~5min为宜，杀青叶色泽暗绿，青草气消失，茶梗折而不断。杀青叶的含水量降至62%~65%。

4. 揉捻

（1）设备　采用55型、65型等揉捻机。

（2）投叶量　以自然装满揉捻机揉桶为宜，揉捻前用手将揉捻叶适当轻压。

（3）揉捻时间　杀青叶不需冷却，趁热立即揉捻，时间30~35min。

（4）揉捻力度　揉捻加压掌握由轻到重的原则，先空揉10min，然后轻揉10~15min，重揉5~10min，再轻揉下机。

（5）程度　一芽三四叶确保揉捻叶成条率达到80%以上，粗老叶叶片变皱缩和柔软。贯彻"嫩叶重揉，老叶轻揉"的原则，防止产生片、碎、末茶和脱皮。

5. 渥堆

（1）渥堆室　渥堆采用专用发酵室，室内地面和墙壁采用木板制作，配有增温增湿和通气装置，放置温湿度计，室内温度控制在25℃以上，相对湿度应保持在85%左右。

（2）方式　在发酵室地面铺上湿棉布，将揉捻叶放置在湿棉布上，堆高50~60cm，粗老叶堆高可达70~80cm，茶堆形状为长方体或正方体，堆好后放入温湿度计，再将湿棉布覆盖在茶堆上。每隔2h观察一次温湿度及发酵程度，根据茶堆温度和发酵程度适时翻堆，较嫩叶在温度达到48℃进行翻堆，粗老叶达到55℃时进行翻堆。

（3）时间　15~24h。

（4）发酵程度　茶叶色泽由暗绿转化为淡黄色，有酒糟香刺鼻和酸辣味时，成熟叶呈竹青色，叶脉显现为适度。

6. 初烘

采用烘干机使渥堆叶失水，烘干机温度 60~70℃，叶厚度 2~3cm，时间 8min 左右，初烘后回潮，时间掌握 1h 左右。

7. 复揉

为了提高成条率，将发酵叶复揉。发酵叶置于揉捻机中进行复揉，投叶量高度约在揉桶的 4/5 处，时间掌握 30min 左右，空揉 10min 左右，轻揉 10min 左右，重揉 5min 左右，减压 5min 左右即可。

8. 干燥

干燥方式采用烘干或晒干，阳光不足时可以先采用烘干机毛火后再晒干。

（1）烘干　采用先毛火后足火，温度先高后低。毛火高温快烘，毛火烘干机温度 120~150℃ 为宜，达到七八成干。足火采用低温，烘干机温度 80~90℃，茶叶含水量达到 8% 左右，以茶叶有刺手感，手握有清脆的响声为度。

（2）晒干　把晒垫置于晒坝中，将茶叶摊放在晒垫上，厚度 3~4cm，中途翻拌一次，晒至含水量 8% 左右，以茶叶有刺手感，手握有清脆的响声为宜，放置室内摊凉后（1h 左右）即可装袋。

9. 贮藏

茶叶干燥完成后采用布袋加塑料内袋装好，内袋要求扎口。运送到原料储藏室存放，存放过程中经常检查茶叶质量，防止霉变，确保茶叶自然陈化。

黑茶的炒制技术和压造成型的方法不尽相同，包括渥堆变色、高温汽蒸、压造成型等。

黑茶渥堆的实质主要是在湿热作用下多酚类化合物自动氧化的结果，即在一定保温保湿的前提下，随渥堆温度的增高，多酚类化合物氧化渐盛，叶绿素破坏加盛，叶色由暗绿变成黄褐，黑茶品质基本形成。

第四节　白茶加工

白茶的制作工艺是最自然的，把采下的新鲜茶叶薄薄地摊放在竹席上并置于微弱的阳光下，或置于通风透光效果好的室内，让其自然萎凋。晾晒至七八成干时，再用文火慢慢烘干即可。由于制作过程简单，往往以最少的工序进行加工。

白茶采用单芽为原料按白茶加工工艺加工而成的，称之为银针白毫；采摘自福鼎大白茶、泉城红、泉城绿、福鼎大毫茶，泉城红、泉城绿、政和大白茶及福安大白茶等茶树品种的一芽一二叶，按白茶加工工艺加工制作而成的称为白牡丹或新白茶；采用菜茶的一芽一二叶，加工而成的称为贡眉；采用抽针后的鲜叶制成的白茶称寿眉。白茶的制作工艺，一般分为萎凋和干燥两道工序，而其关键在于萎凋。萎凋分为室内自然萎凋、复式萎凋和加温萎凋。要根据气候灵活掌握，以春秋晴天或夏季不闷热的晴朗天气，采取室内萎凋或复式萎凋为佳。其精制工艺是在剔除梗、片、蜡叶、红张、暗张之后，以文火进行烘焙至足干，只宜以火香衬托茶香，待水分含量为4%~5%时，趁热装箱。白茶制法的特点是既不破坏酶的活性，又不促进氧化作用，毫香显现，汤味鲜爽。

白茶初制基本工艺如下。

一、采摘

白茶根据气温采摘一芽一叶初展鲜叶，做到早采、嫩采、勤采、净采。芽叶成朵，大小均匀，留柄要短，轻采轻放。竹篓盛装、竹筐贮运。

二、萎凋

采摘鲜叶用竹匾及时摊放，厚度均匀，不可翻动。摊青后，根据气候条件和鲜叶等级，灵活选用室内自然萎凋、复式萎凋或加温萎凋。当茶叶达七八成干时，室内自然萎凋和复式萎凋都需进行并筛。

三、烘干

初烘：烘干机温度100~120℃，10min；摊凉15min。复烘：温度80~90℃；低温长烘70℃左右。

四、保存

茶叶干茶含水分控制在5%以内，放入冷库，温度1~5℃。冷库取出的茶叶3h后打开，进行包装。白茶储存归纳起来就八个字：通风、透气、防晒、防潮。白茶的保存，一定要注意存茶环境，不可将白茶置于高温、强光、有异味的环境之下，最好能够保证存茶环境通风、干燥、常温、无异味。

第五节　青茶加工

青茶的鲜叶要有一定的成熟度，不要太嫩，也不要过于粗老，还要保持新鲜，不损伤。一般采摘要求新梢形成驻芽，采摘驻芽梢开面的二三叶或三四叶，俗称开面采，按新梢伸展程度不同又有小开面、中开面和大开面之别。小开面指驻芽梢的第一片叶的叶面积约相当于第二叶的1/2；中开面指驻芽梢的第一叶的面积相当于第二叶的2/3；大开面指驻芽梢顶叶的叶面积与第二叶相似。

乌龙茶的制造过程包括萎凋、做青、杀青、揉捻、干燥等工序。其中做青是乌龙茶的特有工序，是乌龙茶品质特征形成的关键工序。

一、茶青采摘

1. 采摘标准

乌龙茶的采摘标准，叶梢要比红茶、绿茶成熟。其采摘标准为：待茶树新梢长到 3～5 叶将要成熟，顶叶六七成开面时采下 2～4 叶，俗称"开面采"。一般春、秋茶采取中开面采；夏暑茶适当嫩采，即采取小开面采；产茶园生长茂盛，持嫩性强，也可采取小开面采，采摘一芽三四叶。

2. 采摘季节

闽南茶区，气候温和，雨量充沛，茶树生长期长，一年可采四至五季，即春茶、夏茶、暑茶、秋茶和冬片。具体采摘期因品种、气候、海拔、施肥等条件不同而差异。一般采摘期，春茶在谷雨前后，夏茶在夏至前后，暑茶在立秋前后，秋茶在秋分前后，冬茶在霜降后。各茶季的采摘间隔期为 40～50d，在具体掌握上，应做到"开头适当早，中间网刚好，后期不粗老"。

3. 采摘方法

长期以来，广大茶农在生产实践中创造出"虎口对芯采摘法"即将拇指和食指张开，从芽梢顶部中心插下，稍加扭折，向上一提，就将茶叶采下。一般采叶标准是：长三叶采二叶，长四叶采三叶，采下对夹叶，不采鱼叶，不采单叶，不带梗蒂。这种采摘方法，优点很多，已得到普遍采用。1980 年以来，安溪大坪茶农创造出"等高平面采摘法"，在不改变"虎口对芯采摘法"的基础上根据茶树生长情况，确定一定高度的采摘面把丛面上的芽梢全部采摘，茶丛面下的芽梢全部留养，以形成较深厚的营养生长层，达到充分利用光能，提高萌芽率，进而增产提质的目的。采摘时，应做至五分开，即不同品种分开、早午晚青分开、粗叶嫩叶分开、干湿茶青分开、不同地片分开，便于采取不同的工艺措施提高毛茶品质。

4. 机械采茶

茶叶采摘在茶叶生产中是一项颇费工本的劳动，一般要点茶园管理用工的 50% 以上。十多年来随着城乡经济体制改革不断深化，商品经济不断发展，农村大批劳力向第二、三产业转移，使不少茶区采茶劳力十分紧张，采茶工资不断提高，导致制茶效益下降。因此，部分茶区采用了机械采茶。采茶机有单人背负式和双人抬式两种。其工效比人工采茶提高 10 倍以上，这是今后茶叶生产发展的方向。

二、茶青萎凋

1. 日光萎凋

日光萎凋利用光能热量使鲜叶适度失水，促进酶的活化，这对形成乌龙茶的香气和去除青臭味起着重要的作用，也为摇青创造良好的条件。晒青温度要求日光柔和，摊叶宜均薄，必要时可"二凉二晒"，时间 10min 至 1h，其间翻拌 2~3 次。晒青程度，一般至鲜叶失去光泽，叶色转暗绿，顶叶下垂，梗弯而不断，手捏有弹性。晒青后要凉青，使其鲜叶"还阳"。

2. 室内萎凋

将采回的鲜叶摊放在筛篚上，静置于凉青架，酌情翻动 2~3 次使萎凋均匀，凉青一般不单独进行，而与晒青相结合，它的主要作用：一是散发叶面水分和叶温，使茶青"转活"保持新鲜度；二是可调节晒青时间，延缓晒青水分蒸发的速度，便于摇青。对于晒青不足的鲜叶，也是一种补救的方法。凉青的标准是嫩梗青绿饱水，叶表新鲜、无水分。

3. 做青（摇青）

做青要掌握"循序渐进"原则。摇青转数由少渐多，用力由轻渐重，摊叶由薄渐厚，时间由短渐长、"发酵"由轻渐重。做青有"五看"：一看品种摇青，厚叶多摇，薄叶轻摇。二看季节摇青，春茶气温低、湿度大，宜于重摇，夏暑茶气温高，宜轻摇。秋冬茶要求达到"三秋"，即秋色、秋得、秋味，宜于轻摇。总之，摇青要做到是"春茶消，夏暑皱，秋茶水守牢"。三看气候摇青，南风天轻摇，北风天重摇。四看鲜叶老嫩摇青，鲜叶嫩，水分多，宜于晒足少摇；鲜叶粗老，水分少，宜于轻晒多摇。五看晒青程度，摇青晒青轻则重摇、晒青重则轻摇。看青有"三步骤"（即看摇青适度），即一摸，摸鲜叶是否柔软，有湿手感；二看，看叶色是否由青转为暗绿，叶表出现红点；三闻，闻青气是否消退，香气显露。

4. 杀青

乌龙茶一直炒到茶叶呈银白色，叶缘稍干略脆，有些微的刺手感时即可起锅。然后再以干净的湿布袋盛装起来，呈放入谷斗内，上复湿布巾，将茶叶稍压实以促进闷热静置的回润作用，经 10~20min，等茶芽变白，叶呈红、黄、绿色后即取出揉捻。

5. 揉捻

经 5~8min 的持续揉捻后，使叶片卷成条索，破坏叶细胞，挤出茶汁，黏附叶表，冲泡时易溶于水，增浓茶汤。揉捻应掌握"趁热，适量，快速、短时"原则，加压要"轻—重—轻"转速控制慢、快、慢。

6. 干燥

炭火干燥烘焙是乌龙茶形成独特滋味的关键。其一般火功的要求：低温慢焙，高级茶温度宜低，时间宜短；低级茶温度宜高，时间宜长。

7. 拣剔

拣剔包括机械拣剔和手工拣剔。主要是除去粗老畸形的茶片，拣出茶籽、茶梗。经筛分处理后的中、上段茶，先经 73 型梗机拣剔后，再经阶梯式拣梗机或静电拣梗机拣梗，产生出各号茶的正茶及一号梗、二号梗等。各号茶的正茶及三号茶再经手工拣剔后，做到"三清一净"即茶中的梗、片、杂物清，地下茶净，这样就可进入下一道工序。现代可使用更先进的色选机进行拣剔操作。

第六节　红茶加工

红茶的种类较多，产地分布较广，按照外形及加工方法一般可以分为工夫红茶、红碎茶、小种红茶。红茶的制作工序包括萎凋、揉捻、发酵、干燥，其中发酵是红茶品质特征形成的关键工序。

一、红茶初制基本工艺

（一）萎凋

萎凋分为室内加温萎凋和室外日光萎凋两种。萎凋程度要求：鲜叶失去光泽，叶质柔软梗折不断，叶脉呈透明状态即可。

（二）揉捻

以前使用双脚揉茶。20 世纪 50 年代采用铁木结构双桶水力揉捻茶机，至 60 年代，揉捻这一工序又加以改进，采用了铁制 55 型电动揉捻机，提高制茶效率。揉捻时要使茶汁外流，叶卷成条即可。

（三）发酵

发酵时间一般为 5~6h，叶脉呈红褐色，即可上焙烘干。

红茶发酵适度的鉴定方法主要有看叶色和闻香气。贵州湄潭茶叶研究所提出按发酵叶不同红变程度分成六个叶相等级如下。

（1）一级叶相　青绿色，有强烈青草气；

（2）二级叶相　青黄色，青草气；

（3）三级叶相　黄色，清香；

（4）四级叶相　黄红色，花香或果香；

（5）五级叶相　红色，熟香；

（6）六级叶相　暗红色，低香。

（四）烘焙

把发酵适度的茶叶均匀搜集放在水筛上，每筛摊放 2~2.5kg，然后把水筛放置吊架上，下用纯松柴（湿的较好）燃烧，故小种红茶具有独特的纯松烟香味。刚上焙时，要求火温高些，一般在 80℃ 左右，温高主要是停止酶促氧化作用，防止酶促氧化活动而造成发酵过度，叶底暗而不开展。烘焙一般采用一次干燥法，不宜翻动以免影响到干度不均匀，造成外干内湿，一般在 6h 即可下焙，主要看火力大小而定。一般是焙到触手有刺感，研之成粉，干度达到要求后摊凉。

（五）复焙

茶叶是一种易吸收水分的物质，在出售前必须进行复火，才能留其内质，含水量不超过 8%。

工夫红茶、红碎茶和小种红茶的制法大同小异，都有萎凋、揉捻、发酵、干燥四个工序。其中小种红茶有过红锅（杀青）工序。红茶要求老嫩一致品种相近的一芽二三叶茶青为原料。

二、工夫红茶（条形红茶、名优红茶）初制工艺

（一）鲜叶要求

以一芽二三叶为主要原料。要求芽叶匀齐、新鲜，叶色黄绿，叶质柔软，多酚类和水浸出物含量要高，鲜叶进厂要分级验收、管理和付制。

（二）萎凋

萎凋时，将叶片薄摊在晒席上，以叶片基本不重叠为适度。萎凋时间春茶一般 1~2h，夏茶 1h 左右，中间轻翻 1~2 次。以晒到叶质柔软、叶面卷缩为适度。晒后的萎凋适度叶必须摊凉后进入室内继续萎凋至要求的含水量后才能揉捻。

1. 萎凋技术

萎凋槽萎凋是人工控制的半机械化的加温萎凋方式。萎凋茶叶品质较好，是一种较好的萎凋方式。萎凋槽的基本构造包括空气加热炉灶、鼓风机、风道、槽体和盛叶框盒等。操作技术主要掌握好温度、风量、摊叶厚度、翻拌和

萎凋时间等。

（1）温度　萎凋槽热空气一般控制在35℃左右，最高不能超过40℃，要求槽体两端温度尽可能一致。在调节温度时必须掌握先高后低，风量先大后小的原则。萎凋结束下叶前10~15min，应鼓冷风。雨水叶在上叶后先鼓冷风，除去表面水后再加温，以免产生水闷现象。

（2）风量　风力小，生产效率低；风力过大，失水快，萎凋不匀。风力大小应根据叶层厚度和叶质柔软程度加以适当调节。一般萎凋槽长10m、宽1.5m、高20cm，有效摊叶面积15m²，采用7号风机即可。

（3）摊叶厚度　摊叶厚度与茶叶品质有一定关系，摊叶根据叶质老嫩和叶形大小的不同而异。掌握"嫩叶薄摊，老叶厚摊"和"小叶种厚摊，大叶种薄摊"的原则，一般小叶种摊叶厚度20cm左右，大叶种18cm。叶片要抖散摊平，厚薄一致。

（4）翻抖　翻抖是达到均匀萎凋的手段。一般每隔1h停鼓风机翻拌1次，翻拌时动作要轻，切忌损伤叶片。

（5）萎凋时间　萎凋时间长短与鲜叶老嫩、含水量多少、萎凋温度、风力强弱、摊叶厚薄、翻拌次数等相关。如温度高、风力大、摊叶薄、翻拌勤，萎凋时间会缩短；反之则会延长。萎凋时间长短与茶叶品质关系极大。萎凋时间长，茶叶香低味淡，汤色和叶底暗；萎凋时间短，程度不匀，发酵不良，叶底花杂。因此要求温度控制在35℃左右，萎凋时间4~5h；春茶在5h以上，雨水叶要5~6h，叶片肥嫩或细嫩叶片，时间会更长些。

2. 萎凋程度

掌握好萎凋程度是制好工夫红茶的关键。各种红茶因其品质要求不同，萎凋的程度也有所差异。重萎凋的萎凋叶含水量一般为56%~58%，制成的毛茶条索紧细，香味稍淡，汤色及叶底色泽稍浅暗。中度萎凋的萎凋叶含水量为60%左右，其品质居中。轻萎凋的萎凋叶含水量为62%~64%，制成的毛茶条索稍松扁多片，但香味较鲜醇，汤色叶底色泽较鲜艳。

鉴别萎凋适度的方法有以下几种。

（1）感官鉴别方法

手捏：柔软，紧握成团松手后不弹散，嫩梗折而不断。

眼观：叶面光泽消失，叶色由鲜绿变为暗绿，无枯芽、焦边、泛红。

鼻嗅：青臭气消失，发出轻微的清新花果香。

（2）减重率　减重率在31%~38%。

（3）萎凋叶含水量　含水量一般在58%~62%为宜。萎凋不足，萎凋叶含水量偏高，化学变化不足。揉捻时茶叶易断碎，条索不紧，茶汁大量流失，发酵困难，制成毛茶外形条索短碎，多片末，内质香味青涩淡薄，汤色混浊，叶底花杂带青。

（4）不良萎凋现象

萎凋不足：萎凋不足含水量偏高，生物化学变化尚不足。揉捻时芽叶易断碎，芽尖脱落，条索不紧，揉捻时茶汁大量流失，发酵困难，香味青涩，滋味淡薄，毛茶条索松，碎片多。

萎凋过度：萎凋过度则含水量偏少，生物化学变化过度，造成枯芽、边、泛红等现象。揉捻不易成条，发酵困难，香低味淡，汤色红暗，叶底乌暗，干茶多碎片末。

萎凋不匀：萎凋过度、不足叶子占有相当比例，这是采摘老嫩不一致及操作不善导致的，捻捻和发酵均发生很大困难，制出毛茶条索松紧不匀，叶底花杂。

因此，萎凋程度应掌握"嫩叶重萎，老叶轻萎"的原则，做到萎凋适度。

（三）揉捻

1. 揉捻室环境要求

要求低温高湿，温度 20~24℃，相对湿度 85%~90%。

2. 揉捻技术

技术与转速、投叶量、揉捻时间、揉捻次数、加压和松压、解块分筛等因素相关。

（1）转速 以 55~60r/min 为宜。如转速过快，揉捻叶在揉机内翻转不良，易形成团块、扁条、紧结度差；如转速过慢，茶叶翻转也不良，揉效低，揉时延长，会导致茶叶香低味淡，汤色和叶底红暗。

（2）投叶量 投叶量取决于揉机大小和叶子的老嫩。一般嫩叶可适当多投叶，老叶可少投叶。

（3）揉捻时间和次数 时间、次数依揉机性能和叶子老嫩不同而变化。

大型揉捻机一般揉 90~120min，嫩叶分 3 次揉，每次 30min；中等嫩度叶片分 2 次揉，每次 45min；较老叶片要延长揉捻时间，分 3 次揉，每次 45min。

中小型揉捻机一般揉 60~90min，分 2 次揉，每次 30~35min，老叶可适当延长揉捻时间。

气温高，揉时宜短；气温低，揉时宜长。

（4）加压与松压 一般按照"轻—重—轻"的加压原则。揉捻开始或第一次揉不加压，使叶片初步成条，而后逐步加压卷成条，揉捻结束前一段时间减压，以解散团块，散发热量，收紧差条，回收茶汁。但老叶最后不必轻压，以防茶条回松。一般要求嫩叶轻压，老叶重压。

揉捻时要分次加压，加压与减压交替进行。如加压 7min、减压 3min，或加压 10min，减压 5min，即所调"加七减三法"或"加十减五法"。以 90 型揉捻机为例，一级原料，第一次揉30min，不加压，第二、三次揉各30min，采用加十减五法，重复1次。中级原料第一次揉45min，不加压，第二次揉45min，重复2次。

（5）解块分筛　筛网配置分上下两段，上段4号筛，下段3号筛。

3. 揉捻程度

细胞损伤率80%以上，茶叶成条率90%以上，条索结紧，茶汁充分外溢，用手紧握时，茶汁能从指间挤出。

（四）发酵

1. 目的

红茶发酵的目的在于人为地创造条件，使以多酚类化合物为主的内含成分发生一系列化学变化的过程。它是形成红茶特有色、香、味品质的关键工序。

2. 发酵技术

（1）发酵室　发酵室要求大小适中，清洁卫生，无异味。窗口朝北，离地1~1.5m，便于通风，避免阳光直射。

（2）温度　温度对发酵影响很大，包括气温和叶温两个方面，气温直接影响叶温。发酵过程中，多酚类氧化放热，使叶温提高；当氧化作用减弱时，叶温降低。因此，叶温有一个由低到高再到低的过程。叶温一般比气温高2~6℃，有时高达10℃以上。要求发酵叶温保持在30℃以下为宜，气温控制在24~25℃为佳。

如气温和叶温过高，多酚类氧化过于剧烈，毛茶香低味淡，汤色叶底暗，因此在高温（叶温超过35℃）时，必须采取降温措施，如薄摊叶层、降低室温等。

如气温和叶温过低，氧化反应缓慢，内含物质转化不充分，将会使发酵时间延长，降低茶叶品质。因此在春茶低温时，要采取升温措施，如厚摊叶层、升温等。

（3）湿度　湿度一是发酵叶的含水量，二是空气的湿度。决定发酵正常进行的因素主要是发酵叶的含水量。发酵室的相对湿度要在95%以上，发酵叶含水量在60%~64%为宜。

（4）通气供氧　红茶发酵是需氧氧化过程，在发酵中要耗费大量氧气，释放二氧化碳和热量。据测定，制造1kg红茶，仅发酵工序，要耗气4~5L；从揉捻开始到发酵结束，100kg茶叶释放出二氧化碳30L。为使供氧充分，二氧化碳能及时排除，发酵室应保持空气流通和新鲜。

（5）摊叶厚度　摊叶厚度影响通气和叶温。摊叶过厚，通气不良，叶温升高快；堆叶过薄，叶温难以保持。摊叶厚度要依叶质老嫩、茶叶筛号大小、气温高低等而定，一般嫩叶、叶型小和筛号小的茶要薄堆；老叶、叶型大和筛号大的茶要厚摊；气温低要厚摊，气温高要薄摊。无论厚摊还是薄摊，都要求均匀、疏松。具体要求是，一般摊叶厚度为6~12cm，1号茶6~8cm，2号茶8~10cm，3号茶10~12cm。

（6）"发酵"时间 时间依叶质老嫩、揉捻程度、发酵条件不同而有差异。一般从揉捻开始算起，需2.5~3.5h。春茶季节，气温较低，1、2号茶需2.5~3h，3号茶需3~3.5h；夏秋季气温高，揉捻结束，叶片普遍泛红，已达到发酵适度，不需要专门发酵，应直接烘干。但应注意，不能认为发酵过程可有可无，更不能用延长揉捻时间来代替发酵工序。

3. 发酵程度

（1）叶色变化 叶色由青绿、黄绿、黄、黄红、红、紫红到暗红的颜色变化过程。

一般春茶发酵，要求叶色为黄红色时为适度，夏茶以红黄色为适度。叶质老嫩不同有异，嫩叶色泽红匀，老叶因发酵较困难而红里泛青。发酵不足，叶色青绿或青黄。发酵过度，叶色红暗。

（2）香气的变化 香气由青气、清香、花香、果香到熟香以后逐渐低淡的气味过程。

发酵适度的叶子呈现花香或果香。发酵不足则有青气。发酵过度则香气低闷，甚至酸味。

（3）叶温的变化 温度为由低到高再到低的变化过程。在发酵中，叶温达到高峰趋于平衡时，即为发酵适度。

这三者的变化有同一性，都以多酚类氧化为基础。发酵适度，应综合三者变化程度而定。

4. 干燥

（1）干燥目的 目的为终止酶活性；充分干燥失水；散发青臭气，发展茶香。

（2）干燥技术 干燥有烘笼烘干和烘干机烘干两种方式。采用两次烘干法。毛火要求高温、薄摊、快干，足火要求低温、厚摊、慢烘。

自动烘干机烘干温度：毛火进风口温度110~120℃，不超过120℃，足火85~95℃，不超过100℃。毛火与足火之间摊凉40min，不超过1h，摊晾叶厚度10cm。温度过低，会造成发酵过度、温度过高，造成外干内湿、条索不紧、叶底不展等缺点。风量则要求风速以0.5m/s，风量6000m³/h为宜。烘干时间为毛火10~15min，足火15~20min。

（3）干燥程度 毛火叶含水量20%~25%，足火叶含水量4%~5%。

感官鉴别则是毛火叶达七八成干，叶条基本干硬，嫩梗稍软，手握既感刺手又感稍软。足火叶折梗即断，手捻茶条成粉末。

三、红碎茶加工

目前，国际茶叶市场上红茶贸易量占茶叶总贸易量的 90%，而红碎茶又占红茶的 98%，是国际茶叶市场的主要品种。我国红碎茶生产地有滇、桂、粤、琼、皖、川、湘、闽、鄂、苏、浙、黔等 10 多个省（自治区、直辖市），其产量和出口量仅次于炒青绿茶，已成为我国的一个重要茶叶品种。

（一）品质特征

红碎茶按其成品茶的外形和内质特点可分为叶茶、碎茶、片茶、末茶四大类。叶茶呈条状，条索紧直；碎茶呈颗粒状，颗粒紧结；片茶皱折如碗口形；末茶似沙粒。四类茶叶规格差异明显，互不混杂，叶色润泽，内质汤色红亮，香气滋味浓、强、鲜。四类茶叶包含多种花色，品质各有差异。

根据国际市场对红碎茶的规格要求和我国的生产实际，按传统制法、产地、茶树品种和产品质量，制订出了四套加工、验收统一标准样。第一套样适用于云南省云南大叶种制成的红碎茶；第二套适用于广东、广西、贵州等省（自治区）引种的云南大叶种红碎茶；第三套适用于贵州、四川、湖北、湖南等省的中小叶种制成的产品；第四套适用于浙江、江苏、湖南等省的小叶制成的产品。

（二）鲜叶要求

红碎茶鲜叶要求嫩、鲜、匀、净。

（三）初制技术

红碎茶初制分为萎凋、揉切、发酵、干燥四道工序。

1. 萎凋

红碎茶萎凋的目的、环境条件、方法等与工夫红茶相同，仅是萎凋程度存在差异。

萎凋程度应根据鲜叶品种、揉切机型、茶季等因素确定。一般传统制法和转子制法萎凋偏重，CTC 和 LTP 制法偏轻。但是茶季不同，含水量不同，如使用转子揉切的，春茶因嫩度好、气温低，萎凋程度偏重，控制含水量在 60%～64%；夏秋茶为 65% 左右。如使用 LTP 型锤击机与 CTC 机组合的，含水量以 68%～70% 为好。

萎凋时间长短受品种、气候、萎凋方法等影响。一般视萎凋程序而定，通常控制在 6~8h 内完成为宜。

2. 揉切

揉切是红碎茶品质形成的重要工序，通过揉切既能形成紧卷的颗粒外形，又使内质气味浓强鲜爽。揉切室的环境条件与工夫红茶相同，但使用机器类型、揉切方法不同。

（1）揉切机器　揉切机有圆盘式揉切机、CTC揉切机、转子揉切机、LTP锤击机等。

①圆盘式揉切机：圆盘式揉切机又称平板机。揉盘上设有8~12个弧形锋利的揉齿，茶条在揉相中回转时切细。用普通揉捻机与圆盘式揉切机联用制红碎茶称为传统制法。

②CTC揉切机：机器主体由刻有凹形花纹的不锈铜滚筒组成，两个滚筒反向内旋，转速分别为660r/min和70r/min，茶条经控扭、绞切作用，形成颗粒碎茶，切细效率高。

③转子式揉切机：利用转子螺旋推进茶条，以挤压、紧揉、绞切茶叶。绞切效率高，碎茶比例大，颗粒紧实。型号大致有叶片棱板式、螺旋滚切式、全螺旋式和组合式四大类。

④LTP锤击机：LTP锤击机是一种新型红碎茶制茶机械。机内有锤片160块，分40个组合。前8组锤刀，后31组锤片加1组锤刀，转速2250r/min，在1~2s内完成破碎任务。由于叶片受到锤片的高速锤击，形成大小均匀，色泽鲜绿的小碎片喷出，碎片大小为0.5~1.0mm。

（2）揉切方法　目前各地多采用多种类型机器配套机组和配套揉切技术，完成红碎茶揉切工序。依选用的揉切机种不同，可归纳为如下几种。

①传统制法：一般先揉条，后揉切。要求短时、重压、多次揉切，分次出茶。

一般要求取碎茶85%左右，茶头率15%。如有必要可进行第四次揉切，时间10min。但老叶不宜强揉切。揉切时加压与松压交替，一般加压7~8min，减压2~3min，多加重压，以使揉叶翻切均匀，降低叶温，多出碎茶。揉切次数和时间长短依气温高低、叶质老嫩而定。气温高则每次揉时应短，增加揉切次数，嫩叶揉切次数和每次揉时均可减少。

②揉捻机与转子机组合：这两种机器组合揉切，一般要求先揉条，后揉切。要求短时、重压，多次揉切，多次出茶。近似传统揉切法，萎凋程序适当偏重。其产品外形颗粒紧结，色泽也较乌润，但香气和滋味往往显得钝熟。揉切操作方法因茶树品种、生产季节而有差异。在大叶种地区，春茶一般先以90型揉捻机揉条30~45min，然后进行解块筛分，筛底提取毫尖茶，筛面茶进行转子揉切3~4次，总揉切时间需70min。夏秋茶揉条后如无毫尖可提，则可全部由转子机切碎。

中小叶种中下档鲜叶原料制红碎茶，是萎凋后经 90 型揉捻机揉条 30~40min，再用 27 型转子机连续切 3~4 次，每次切后只解块不筛分。揉切叶经发酵后立即烘毛火，烘后的毛火叶用平面圆筛机筛出团块茶。团块茶经打碎后再过筛，然后分别足火。

③转子机组合：转子揉切机所制红碎茶相比传统揉切法，具有揉切时间短、碎茶率高、颗粒紧结、香味鲜浓等优点。

操作方法：用 30 型转子控揉机代替 90 型揉切机，并实行与转子机组合使用，另外解块分筛也改用平面圆筛机，这样可使切碎茶筛成圆颗粒状，有利于改善外形。平面圆筛机用于筛分揉切叶，筛孔容易阻塞，可采用经常更换筛片的办法加以解决。

④LTP 和 CTC 机组合：采用这两种机型组合，必须具备两个条件：

第一，鲜叶萎凋程序要轻，含水率应保持在 68%~70%，以利于切细、切匀；第二，鲜叶原料要有良好的嫩度。假定鲜叶分为五级，则以 1~2 级叶为好，这样可取得外形光、洁、内质良好的产品。如果用下档原料，则制出的干茶色泽枯灰，而且筋皮毛衣和茶粘成颗粒，在精制中较难清理，而且青涩味也较重。试验表明，对较为下档的原料在经 LTP 与 CTC 机切后，再上转子机揉切 1 次，可提高品质。其工艺流程如下。

1~3 级原料：

轻萎 → 振动槽筛去杂质 → 捶击 → 揉切 → 发酵 → 毛火 → 筛分 → 筛面团块 → 打块 → 足火

注：筛底茶直接足火。

4~5 级原料：

轻萎 → 振动槽筛去杂质 → 捶击 → 揉切 → 解块 → 发酵 → 烘毛火 → 筛分 → 筛面茶 → 打块 → 足火

注：筛下茶直接足火。

LTP 和 CTC 机的刀口一定要保持锋利，切出的茶叶才会外形光洁，筋皮毛衣少。如果刀口钝，则切出的茶叶呈粗大的片茶，筋皮毛衣多。因此，在红碎茶生产之前就应检查刀口情况，若发现刀口磨损较大，应采取措施维修。

⑤洛托凡揉切机和 CTC 揉切机结合：洛托凡揉切机与我国的邵东 30 型转子机相似。在小叶种地区用洛托凡和 CTC 组合，不及 LTP 和 CTC 组合。因小叶种鲜叶叶质比较硬，不易捣碎，使毛茶外形粗大松泡，片茶多，滋味浓度也较低。大叶种上档原料用洛托凡和 CTC 组合制红碎茶尚可。

3. 发酵

红碎茶发酵的目的、技术条件及发酵中的理化变化原理与工夫红茶相同。

由于国际市场要求香味鲜浓，尤其是茶味浓厚、鲜爽、强烈、收敛性强、富有刺激性的品质特征，故对发酵程序的掌握较工夫红茶为轻，多酚类的酶性氧化量较少。但品种不同，发酵程序不同，中小叶品种需加强茶汤浓度，程度应比大叶种稍重，大叶种要突出鲜强度，程度应轻；气温高，发酵应偏轻，气温低则稍重。

在一定条件下，发酵程序与时间有关，一般云南大叶种发酵叶温控制在26℃以下，升温高峰不超过28℃，时间以40~60min为宜（从揉捻开始）。中小叶种叶温控制在25~30℃，最高不超过32℃，时间以30~50min为宜。

发酵程度的鉴别有两种：

一是感官鉴别叶象。贵州湄潭茶叶研究所和羊艾茶场研究发酵叶象与发酵程序的关系，将"发酵"叶象分为六级：一级，叶色呈青绿色，有浓烈的青草气；二级，青黄色，青草味；三级，黄色，清香；四级，黄红色，花香或果香；五级，红色，熟香；六级，暗红色，低香。云南大叶种以2.5~3级，中小叶种以3.5~4级为宜。

二是用化学分析方法，测定水溶性多酚类的保留量。根据中国农业科学院茶叶研究所测定，红碎茶的毛茶水溶性多酚类（含氧化和未氧化的）的保留量在60%~65%时，品质较好，滋味浓强鲜爽，汤色红艳明亮。

4. 干燥

干燥的目的、技术以及干燥中的理化变化与工夫红茶相同，仅在具体措施上有差别。

由于揉切叶细胞损伤程度高，多酚类的酶促氧化激烈，迅速采用高温破坏酶的活力，制止多酚类的酶促氧化；以及需要迅速挥发水分，避免湿热作用引起非酶促氧化。因此，要求"高温、薄摊、快速"一次干燥为好。但目前由于我国主要使用烘干机烘，仍采用两次干燥。

（1）毛火　进风温度110~115℃，采用薄摊快速烘干，摊叶厚度1.25~1.50kg/m²，烘至含水量20%。毛火叶摊晾15~30min，叶层要薄，宜在5~8cm。

（2）足火　进风温度95~100℃，摊叶2kg/m²，烘至含水量达5%。

干燥应严格分级分号进行，干燥完毕摊凉后装袋，及时送厂精制。

近年来，我国在红碎茶干燥方式上有很多革新，如沸腾烘干机烘干、远红外线烘干、高频烘干、微波烘干等，有待不断实验、推广。在提高烘干效果上也有很多措施，如在烘干机顶层加罩、加大风量、分层干燥、在输送带上加温等。

第四章　茶叶加工精制技术

第一节　茶叶精制概述

一、精制的目的和意义

精制即精细的制造，是把毛茶加工成一定规格的商品茶，经过精制的茶叶称精茶或成品茶。在不同批次毛茶中，其长短、粗细、圆扁、整碎、轻重、净度、色泽枯润、含水率、内质等都有差异，经精制后，可改善茶叶品质，进一步发挥其经济价值。

（一）精制目的

1. 整饰外形，分做花色

由于鲜叶采摘老嫩不匀和初制技术不一，使毛茶的外形组成复杂，有长有圆，有大有小，有长有短，有粗有细，有螺旋弯曲，还有梗叶勾连等，极不整齐。故精制的第一目的就是要整饰毛茶的外部形态，分离各种外形规格，并按长、圆、粗、细等形状不同，分别做出各花色成品茶。如长炒青经整饰外形后，可做出特珍、珍眉、雨茶、贡熙、秀眉、茶片以及内销素坯等花色。

2. 分离老嫩，划分级别

毛茶虽然已经初步划分了等级，但由于鲜叶采摘不易达到完全标准化，特别在眉茶初制大生产中，鲜叶尚未实行分级验收和分级加工，有的地方甚至"老嫩一把抓"。工夫红茶虽然对鲜叶进行分级验收，但也不够精细。这样，初制而成的毛茶势必老嫩混杂，造成在高级毛茶中夹有质地粗老的朴片，在低级毛茶中混有质地细嫩的叶芽，使得品质优次不清。故精制的第二个目的要在整饰外形、分做花色的基础上，进一步分离茶叶的老嫩，并通过分老嫩来划分茶叶的级别，使品质优次更加分明。

3. 制除次杂，纯净品质

在鲜叶采制过程中，或多或少混有一部分次质茶和非茶类的夹杂物。次质茶有老叶、鱼叶、筋梗、茶籽、蒂头以及各种劣变茶。非茶类的夹杂物有竹末、纸片、砂子石块、零碎金属等。茶叶是供人喝的饮料，不能混有非茶类的夹杂物。故精制的第三个目的是要制除这些次杂，以提高净度，纯净品质，保证饮茶卫生。

4. 适度干燥，发展色香味

茶叶是吸湿性很强的物质。初制成的毛茶，虽已相当干燥，但在收购和调运过程中，毛茶会吸收空气中的水分，使含水量增高。

精茶主要供应出口，需要经过一定时间的储存和长途的海上运输，茶叶含水过多，会加速陈化，甚至发霉劣变，故精制的第四个目的是要使适应干燥，一般要求成品茶的含水率一般控制在 6% ~ 9.5%，花茶不大于 9%，红茶、绿茶不大于 7.5%。有利于运输和贮存，并在干燥过程中，发展茶叶的色香味，以提高品质。

5. 调剂品质，稳定质量

由于毛茶的品种、产地、采制季节的不同以及初制技术各异，就会造成同级成品茶的品质参差不齐，特别是内质方面的差异较大，如春茶香味醇浓，夏秋茶香低味涩等。故精制的第五个目的是调剂品质，使各个时期加工的同级成品茶，规格一致，保持质量的稳定性。

（二）精制意义

贵州目前是全国茶园面积最大的省份，自 2007 年起大步发展茶产业，茶产业已成为兴黔富民的第一大扶贫产业。但贵州茶企业存在小、散、弱的特点，特别是茶叶初加工技术尚很落后，更是缺乏精制企业。发展精制茶，对贵州来说既能弥补大量中小茶企在初制茶加工技术上的短板，又能提升贵州精深加工茶产业的进步，因此具有非常重要的作用。

当前，在我国茶叶生产不断发展，消费者对茶叶质量的要求越来越高的情况下，研究茶叶精制的普遍规律，探讨怎样完善产品质量、提高经济效益的精制技术，寻求特制工艺规范化、连续化、自动化的途径，实为形势发展的需要，也是制茶现代化的主要研究方向。

二、精制茶产销概况

中国作为茶叶发源地，茶类丰富，品质优良，销售广泛，特别是眉茶、珠茶、工夫红茶、青茶和白茶等长期销往其他国家，一直是我国传统的大宗出口商品，也是世界茶客所喜爱的饮料。国际上一般将茶叶分为绿茶（green tea）

和红茶（black tea），其中红茶是全球茶叶贸易的主要品种。

（一）绿茶市场

眉茶和珠茶是我国产区分布最广、产量最多的绿茶，以色润、香郁、形美、味浓著称国际茶叶市场，为我国主要传统出口茶类。

我国绿茶不仅产量多，而且品质优异，深受国外饮茶者的喜爱，一些花色长期供不应求。只有发挥我国出口绿茶的传统优势，精工细做，不断提高质量，多做适销对路的产品，才能使我国绿茶在国际茶叶市场竞争中保持优势地位。

（二）红茶及其他茶市场

工夫红茶、切细红茶（红碎茶）、青茶、白茶这些特种外销茶，有的以外形著称（如白茶，这种传统的特种外销茶，因成茶外表披满白毫而得名），有的以内质见长（如祁红工夫，曾在巴拿马国际博览会上荣获博览会金质奖章）。在英国伦敦市场，祁红被列为茶中珍品，并亲切地称祁红工夫的香气为"祁门香"。

三、精制茶品质规格

我国各茶叶精制厂执行对标准样加工。各类出口茶的标准样由国家主管部门制定，一部分内销茶标准样由省级主管部门制定。标准样是衡量产品品质高低的实物依据，各类精制茶的品质规格必须以标准样为准。

（一）眉茶与珠茶

眉茶与珠茶这两类茶是我国主要传统出口茶类。现执行两类标准样，一类是加工标准样，另一类是贸易标准样。

加工标准样一般都结合本地区产品的品质特点和传统风格，具有地区性。执行加工标准样的产品均须通过口岸拼配方能出口。

贸易标准样是我国对外交货的出口标准样，此类茶全国只有一套，没有地区性。一般以茶号代替花色级别。执行贸易标准样的部分产品经国家检验后可原装出口。

特珍和珍眉是眉茶的主体，属于条形茶，条索细长紧秀，稍弯如眉，珠茶是圆形茶，外形圆紧似珠，贡熙近似圆形茶，颗粒卷曲尚圆紧，形如拳头。珠茶和贡熙两种茶原为珠茶类产品，20世纪60年代后期，眉茶厂也生产一部分这两种茶。

秀眉特级的面张由细筋嫩梗和部分轻身细条组成，条索挺秀如针，故也称特针。秀眉三级和茶片为片形茶，含有碎末，其片形大小适当，筛档匀称。

各级品质规格简述如下：

（1）特珍特级 特珍特级是眉茶的极品，条索紧结细秀，匀整平优，锋苗完好，身骨重实，色泽绿润，忌黄漂花杂，不带筋梗、二黄条、小圆头和 10 孔茶，不含或少含扁条。香气锋嫩浓烈，滋味厚爽甘甜，汤色清绿明亮，叶底细嫩多芽，柔软明亮，匀整不带青叶、断叶。

（2）秀眉特级（特针） 秀眉特级（特针）面张由各面筋嫩梗和轻质细茶条组成，条索挺秀如针，中下盘为碎茶及细片，碎茶含量约占 1/4，身骨稍轻，欠嫩匀，带有芽筋，多碎片，色泽黄绿带青，香味平和低淡，汤深黄。

（二）工夫红茶与切细红茶

切细红茶也称红碎茶，是在我国工夫红茶制法的基础上发展起来的一种品类。目前属于世界上产量最多、销量最大的一种红茶。

切细红茶的规格分为条茶、细茶、片茶、末茶四个类型，数量最多的是细茶（碎茶）。条茶（即叶茶）要条索紧卷或紧直；细茶要颗粒紧结匀齐；片茶要紧实有折皱；末茶要呈沙粒。

切细红茶的色泽要求乌润匀调，内质要求鲜爽浓强，富有收敛性，即具备浓、强、鲜的品质特征。

第二节 茶叶精制方法

一、精制原理

（一）精制过程

精制作业通过不同的机械采取分离、解体、合并的办法，来达到精制加工的目的。

（1）分离 属分离性质的加工内容大致有以下几点。

①粗细分离：长度相近而周围度不同的茶，用抖筛机加以分离，使粗细不同的茶各成一组。

②长短分离：围度相似而长度不同的茶，用平圆机平筛的方法加以分离，使长短不同的茶各成一组。

③厚薄分离：平面大小相似而厚度不同的茶，用风选机扇、抖筛等方法加以分离，使厚薄不同的茶各成一组。

④轻重分离：体积相似而重量不同的茶，用风选、飘筛、扬毛等方法加以

分离，使轻重不同的茶各成一组。

⑤茶杂分离：茶叶中含的各类夹杂物，用捞、撩、抖、扇、飘、拣等方法使茶与杂物分离。

（2）解体 属解体性质的加工内容大致有以下几点。

①粗解细：围度过大不合规格的茶，用圆片式切茶机加以切细。

②长解短：长度过长不合规格的茶用滚筒式方孔切茶机加以切断，将长的变成短的。

③大解小：间隙过大不合规格的茶，一般用圆片式切茶机或风切机加以切碎，将大的变成小的。

（3）合并

①同形合并：同形合并是将精制后同类型的茶拼和在一起成为符合标准规格的商品。如红毛茶精制后产生的工夫红茶，轧制碎、片、末四个类型的茶分类型进行拼和，这是成品茶的同形合并；把分离出来的头子茶、筋梗茶、毛片等副茶，分别混合在一起集中进行筛制整理，这是再制品的同形合并。

②异形合并：异形合并如红毛茶筛制分路取料后按机口鉴定的级别，将本身茶、长身茶、园身茶、轻身茶5、6、7等不同规格的筛路筛号茶合并在一起。

③同质合并：同质合并是将精制后的筛号按机口鉴评的同品质的茶合并在一起。如工夫茶、轧制碎、片、末茶符合本级品质的筛号茶合并成一个成品。

④异质合并：异质合并如工夫红茶付制采用单级付制，多级回收。回收的同一级档筛号茶其品质有一定的差异，在保证筛号茶拼配质量的前提下，合理使用根茶（可提级，也可按本级拼配的筛号茶），以取得显优隐次，取长补短，调剂品质的效果。

（二）精制加工技术中的概念

（1）筛切取料 整饰外形、分做花色，主要靠筛分和切轧，简称筛切取料。

①筛分：筛分有圆筛和抖筛两种。

圆筛是茶叶在筛面做回旋运动，使短的或小的横卧落下筛网，长的或大的留在筛面，以分离出茶叶的长短或大小。

抖筛是茶叶在筛面做往复抖动，使长形的或细紧的茶条斜穿筛网，圆形的或粗根的茶头留在筛面，以分离出茶叶的长圆和粗细。

对眉茶或珠茶来说，分离出长圆，长形茶条就可取做珍眉和面茶；圆形的颗粒则可取做珠茶或贡熙。经圆筛筛出的碎末，一般只能取做碎茶、副茶或片末茶。经抖筛分离出茶条的粗细，也就在一定程度上分出茶叶的老嫩。因为质地细嫩的鲜叶，叶质柔软、可塑性好，初制时能做成细紧的条形，因此抖筛抖出的细紧茶条，嫩度往往较好，可取做高档精茶；粗浊的茶条，外形和嫩度都较差，则取做中、低档精茶。当然，抖筛只能初分茶坯，不能细定级别，但为风选取料定级打好基础。

②切轧：筛分过程中分离出的粗大头子茶，外形不符合成品茶的规格，通过切轧，把大的切小，长的切短，勾曲的切成短条。

切过再筛，筛出来的头子又切，反复筛切直至符合规格为止。因此，筛分和切轧是精制中整饰外形、分做花色的主要作业。

（2）风选取料　正常情况下，茶叶的品质总是与其嫩度相一致的。原地细嫩的鲜叶，有效化学成分含量丰富，叶质柔软，可塑性好，初制时能做成紧结的外形，毛茶身骨重实。

反之，粗老的鲜叶，毛茶身骨轻飘。因此，外形相同（长短、粗细一致）的毛茶，通常身骨越重实，品质越好，这就可以利用风扇的风力来区分毛茶的轻重，并按轻重不同排队，以此来决定茶叶级别的高低。

风选取料是毛茶经筛切整形后，各花色定级的主要作业。

（3）干燥处理　现今很多眉茶、工夫红茶厂采用一种熟做的方法，即加工一开始就将毛茶复火熟做。

熟做能排除茶叶多余水分，使之适度干燥；能缩紧茶身，使外形紧结光滑，便于以后各工序加工；能促进茶叶内含物进行有利于品质的热化学反应，增进色香味。

对那些不采用熟做熟取的各类半成品茶也必须经过干燥处理，以提高品质。因此，干燥是精制中关系到成茶品质高低的重要作业。

（4）拣剔去杂　混入毛茶中的次质茶和非茶类夹杂物，主要靠拣剔作业剔除。

拣剔主要有阶梯拣梗机拣剔、静电拣梗机拣剔和手工拣剔三种。

（5）拼配调剂　拼配是调剂茶叶品质、稳定产品质量的主要技术措施，分原料拼配和成品拼配两个方面。

原料拼配是毛茶加工之前，将不同品种、不同产地、不同季节以及不同等级的毛茶拼配和拨付。成品拼配是毛茶加工成各类半成品后，将相同级别而不同原料、不同加工级别、不同筛孔的半成品合理地拼和在一起，组成成品茶。

加工的首尾进行拼配，主要为了品质各异的各类茶互相取长补短，品质的高低得到平衡，使外形和内质都符合标准，达到产品规格一致，质量稳定的目的。

综上所述，毛茶精制所采取的主要加工技术措施是筛分、切轧、风选（简称"扇"）、拣剔、干燥和拼配（拼配处在加工的首尾，不属加工作业）。习惯上称上述技术措施为筛、切、扇、拣、干。

二、筛分技术

筛分是精制的主要作业。毛茶经筛分后，将长短、粗细等不同的茶条分开，再分别整理成大小、粗细近一致，符合一定规格要求的各种筛号茶。

（一）筛分的机具及其作用

筛分工序中常用的机具有圆筛机和抖筛机两类，还有手工操作中不常用的飘筛。

1. 圆筛及平面圆筛机

圆筛是茶叶在筛面作回旋运动，使短的或小的横卧落下筛网，长的或大的留在筛面，以分离出茶叶的长短或大小，俗语"撩头割末"。利用筛床作连续平面回转运动，短小的茶叶通过筛网，长大的留在筛面，并通过出茶口流出。其作用是使茶叶经分筛、撩筛、割脚工序，分离成一定规格的筛号茶。茶叶平面圆筛机见图4-1。

图4-1　茶叶平面圆筛机

（1）分筛　分筛主要分茶叶长短（圆茶分大小），使同一筛孔茶条长短基本一致。经分筛后的茶，符合各筛孔茶的一定规格，称为筛号茶。

（2）割脚　割脚若筛号茶中发现有少量较短碎的茶坯，需要重新分离，称为割脚。

（3）撩筛　撩筛是为了补分筛的不足。若筛号茶中还有少量较长的茶条或颗粒粗大的圆茶，通过配置较松筛孔的平圆筛（一般比原茶号筛孔大1~2孔），将较长的茶条撩出来，使茶坯长短或大小匀齐，为下一阶段的风选或拣剔打下基础，称为撩筛工序，对圆形茶，撩筛又有紧门筛的作用。

2. 抖筛及抖筛机

抖筛是茶叶在筛面做往复抖动，使长形的或细紧的茶条斜穿筛网，圆形的或粗大的茶头留在筛面，以分离出茶叶的长圆和粗细，俗语"抖头抽筋"。利用倾斜筛框，急速前后运动和抖动的作用，使茶叶跳跃式前进。细的茶叶穿过筛孔落下，粗的留在筛面，以达到去细留粗的效果，便于下一工序进行。茶叶双层抖筛机（图4-2）应用在不同的工序上，因要求不同，工序的名称也不同，生产上通常称为抖筛、紧门、抖筋、打脚。

（1）抖筛　抖筛主要是使长茶坯分别粗细，圆形茶坯分别长圆，并具有初

图 4-2　茶叶双层抖筛机

步划分等级的作用。通过抖筛后，要求粗细均匀，抖头无长条茶，长条茶中无头子茶。在绿毛茶精制中，通过抖筛之后长条茶坯做珍眉花色，非长型茶坯做贡熙花色，或轧细为珍眉、特珍花色。

（2）紧门　紧门为配置一定规格的筛网进行复抖。通过紧门筛的茶坯，粗细均匀一致，符合一定规格标准，所以紧门筛又称为规格筛。如（祁红各级）紧门筛孔规定：一级茶 11~12 孔，二级长茶 10~12 孔，三级茶 9~10，四级茶 8~9 孔，五级茶 7~8 孔；屯绿规定：一级茶 10 孔，二级茶 8.5 孔或 9 孔，三四级茶 8 孔，五级茶 7 孔等。以上规定也可根据机器运转的快慢灵活掌握。

（3）抖筋　抖筋是将茶坯中条索更细的筋（叶脉部分）分离出来，要求眉茶中筋梗要抖净。一级采用的筛孔要小一些，如屯溪茶厂采用 14 孔抖筋。

（4）打脚　打脚是绿毛茶精制过程中取圆形贡熙花色的工序，茶坯中混有少量条形茶，用抖筛将其分离出来，保证贡熙花色外形的品质要求。

3. 飘筛

飘筛通过筛风的上下振动和圆周运动的共同作用，分离在制品茶，去除筋毛。飘筛是茶叶精制工艺技术之一，历史悠久。飘筛操作要站在风口上，用手指和手腕的力量把茶抖起来，同时茶也在旋转，这样风就能把灰尘和小的砂石吹走，筛盘里只留下茶叶。

（二）筛分的技术要点

必须合理配置筛网和控制圆筛机的下茶流量才能获得理想的筛分效果。

1. 根据茶叶状况掌握筛网配置松紧

圆筛机的筛床大体有 4~7 层筛网，一般作三步分筛：第一步可先分出 4~7 孔的上中段茶；第二步将 8 孔（或 10 孔）底的下段茶接出分筛；第三步分筛下脚。在选用筛网时，其孔数应根据茶叶的物理性状的不同适当松紧；高级茶分筛时筛孔宜紧，低级毛茶宜松；分筛圆身茶和机（电）拣头，筛孔宜松；长形茶筛孔宜紧，筋和筋里筋，筛孔更应收紧。

茶坯含水量多，叶质松软，运动时受到的阻力大，不易落下筛孔，圆筛筛孔宜松，因此，经过复火或补火后的熟茶坯，筛分时筛网应比生坯收紧。

2. 发挥撩筛的作用

撩筛的转速比分筛机快，撩筛筛网可比所撩的筛号茶放大 0.5～1.5 孔。要多出撩头，筛孔宜紧；少出撩头，筛孔宜松。分筛后再撩筛，能使茶叶筛档更加齐整。

3. 控制筛茶流量

在回转过程中要保持茶叶能薄薄地散布于整个筛面，使短的或小的茶叶横落下筛孔，长的或大的茶叶通过筛面从尾口卸出。为了防止筛堵塞，抖筛机上的筛量宜少勿多，以便茶条穿过筛网。在操作时，还必须经常清筛。

4. 保证品质，提高高中档茶制率，合理配置紧门机筛网

紧门取料时要掌握"好茶粗取，次茶细取"的原则。即茶条索紧，嫩度好，品质优（如一二级茶），应采用"粗取"，紧门筛孔宜放松，防止一些嫩度高，但条索粗壮的茶条从筛面走料，以增加高一级茶坯数量。如毛茶品质稍次，嫩度低，条索松（三四级毛茶），为了不致降低高中档精茶品质，宜采用"细取"，须缩紧紧门筛孔。采用前后两次紧门，前紧门筛孔宜松，以多取高一级茶坯，后紧门筛孔宜紧，以保证各级眉茶的品质规格。

三、切轧技术

切断或轧细作业是毛茶加工中不可缺少的工序，是使用物理方法对茶叶外形进行改变，起到整理形状的作用，一般在毛茶预处理阶段、筛分阶段进行。

（一）切轧的目的

毛茶通过筛分出来的粗大茶坯叫毛茶头，抖筛和紧门分出的粗大茶叶叫头子坯，都是不符合规格要求的茶条，必须通过切断或轧细，再加工成符合规格的茶条。

（二）切轧的机具及作用

切断或轧碎的目的要求不同，切茶机具也不同。

1. 滚筒切茶机

滚筒切茶机主要作用是将长条改成短条茶。滚筒上有许多方格子的凹孔，茶叶落入滚筒内，随着滚筒旋转，刀片将长出格子的部分茶叶横向轧断。

2. 棱齿切茶机

棱齿切茶机主要使长条茶改为短条茶，粗茶改细茶。当茶叶落入机内，由于棱齿旋转滚动，齿刀片将茶叶切断。

3. 圆片切茶机

圆片切茶机使粗短或椭圆形茶改为细长形。这种切茶机，由于片上有棱齿切片，一片固定，一片旋转，转速很快。纵向切茶，破坏性最大，一般用于切筋、梗、片。

此外，还有纹切茶机、轧片切茶机、胶滚切茶机等。全自动切茶机见图4-3。

（三）切轧技术要点

1. 根据取料要求选用切茶机

切轧时要根据付切茶的外形和取料要求合理选用切茶机。滚切机破碎率较小，擅长横切，有利于保护颗粒紧结的圆形茶不被切碎，可用于工夫红茶。

图4-3　全自动切茶机

眉茶的切轧较复杂，外形粗大勾曲的毛头茶、毛套头取做贡熙，宜用滚切。紧门头是长形茶坯经紧门工序抖出的粗茶和圆头，可采用齿切机。圆切机有利于断茶保梗。

2. 掌握付切茶的适当干度

一般含水率4%~5.5%，含水率超过7.5%，很难切断。

3. 先去杂再付切

应先去掉混入毛茶中的螺丝、铁钉、石子等杂物后，再付切。

4. 控制上切茶的流量

上茶量过多，易堵塞，且碎末会增加。上茶量过少，使一部分茶躲过切刀，达不到切茶的目的。

5. 先松后紧，逐次筛切

切口松，破碎小，切次增多；切口紧，破碎多，切次少。

（四）切轧安全操作规程

茶叶切扎操作具有一定的危险性，对安全性操作要求更高，针对螺旋切茶机、滚筒切茶机、齿切机、保梗机等的一般安全操作规程如下：

（1）进行各油眼加注润滑油，并保持油眼周围干净。

（2）检查各轴承座，皮带轮及各传动件的螺丝是否有松动或掉失，各种配件是否合乎要求。

（3）应根据各茶类工艺要求，调节好刀口距离或滚动距离。

（4）开机后检查机口，碎末茶含量超过规定时停机调整。

（5）运转中时刻注意是否有铁钉、石块、铁件等杂物进入机内，如有应立即停机排除，绝对禁止在运行中用手伸入机内拣取。

（6）运转中如发现茶叶阻塞不下，可用小木棒、竹竿避开拨茶器轻挑，严禁用手或金属棒拨动。

（7）在运转中发生噪声，应停机检查排除。

（8）爱护设备，保养设备，遵守操作规程，记录各种原始数据。

四、风选技术

茶叶风选机是茶叶精制加工中的重要设备。茶叶风选机的原理是利用内置不同的茶叶颗粒具有不同的空气动力学特性，在风力的作用下，其漂移距离不同的特点，根据茶叶漂移的位置来区分茶叶的优劣，是商品茶加工装备中的关键设备。

（一）风选的目的

利用茶叶重量、体积、形状等的不同，借助风力作用，使不同质量的茶叶在不同的位置下落而分离出来，从而使各级茶叶品级分明、硬软均匀，符合一定规格要求。

（二）风选机的选用及其作用

1. 吸风式

茶叶吸风式风选机有单层和双层两种，具有分级较清楚的优点，缺点是风箱的气流不够稳定，操作较复杂。

2. 吹风式

茶叶吹风式风选机（图4-4）风力稳定，易操作；缺点是产量较小，工效较低。目前工厂大多采用这种风选机。

风选有定级和清风两个作用。定级风选，分粗选和精选两个步骤。清风是成品茶在匀堆前，利用风力，清除留在茶叶中的砂、石、金属和灰末。

图4-4　茶叶吹风式风选机

（三）风选技术要点

风选要求好茶轻扇，次茶重扇。好茶侧重于提高制率，次茶侧重于提高品质。

（四）茶叶风选机一般操作规程

（1）开机前、清理机身及隔茶板上杂物，加入物料后开启主机运行。

（2）根据上料量调整落茶手柄的位置，可以改变茶叶的输送量，从而控制茶叶出料量。

（3）调整调风手柄的位置，可以改变风速、风量。根据情况调整手柄。

（4）调整隔板手柄的位置，可以改变内部隔板的位置，向左，内部隔板左（前）移，向右，内部热板右（后）移。同时也要根据运行情况改变隔板的位置。

（5）注意事项　当机器累计工作时间达 5000h 应对轴承进行保养；电源线不要拴挂在机架上，以免磨损电源线漏电伤人。

（五）风选机标准

风选机标准参照 GH/T 1167—2017《茶叶风选机》。

1. 风速变异系数

风速变异系数为风选机进、出风口截面某一高度上各测点风速差与平均风速的百分比。

2. 复选清净度

复选清净度是指在不改变风选机工作条件下，将同一时间内接取的正口、子口、次子口的茶叶分别投入机器进行复选，经复选所得该出茶口茶叶重量与复选前相同出茶口接取的茶叶重量的百分比。

3. 型式与型号

风选机按结构、工作特点分为吹风式和吸风式。其产品型号表示方法如图 4-5 所示。

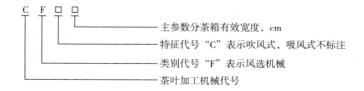

C F □ □
主参数分茶箱有效宽度，cm
特征代号"C"表示吹风式，吸风式不标注
类别代号"F"表示风选机械
茶叶加工机械代号

图 4-5　风选机产品型号表示方法

型号示例：分茶箱有效宽度为 50cm 的吹风式茶叶风选机，CFC-50。

4. 外观要求

风选机外观应光洁、平整、无污损；所有焊接处应均匀、平整、牢固；涂漆应符合 GB/T 9276—1996《涂层自然气候曝露试验方法》中"普通耐候涂层"标准的质量要求。

5. 电气部分

电气连接安全可靠，电路接触良好、工作可靠；电机应按箭头所示方向运转，不得反转。

6. 整机性能

风选机应符合风选工艺要求，风选后的茶叶应清净，同一出茶口的茶叶轻重，大小应均匀。经风选前道工序加工后的筛号茶为原料，其主要性能指标应符合表 4-1 的规定。

表 4-1　　　　　　　　　　　风选机主要性能表

项目	筛号茶		
	4 目[②]	10 目	8 目
风速变异系数/%	—	≤10	—
复选清净度[①]/%	≥65	—	≥85
分茶箱有效宽度小时生产率/[kg/（cm·h）]	≥6	—	≥3
千瓦时产量/[kg/（kW·h）]	≥400	—	≥200

①复选清净度指正口茶。

②1 目 = 25.4mm。

7. 其他性能

风选机无故障工作时间不少于 300h；风选机使用可靠性不得低于 93%；整机噪声不大于 80dB（A）；轴承部位的温升不得大于 25℃；喂料器应符合制茶工艺要求，要求送茶均匀。

五、拣剔（梗）

茶叶拣剔是精制程序中重要的工序，拣剔作业也是当前茶叶精制加工中不可缺少的一个环节，尽管运用了多种方式综合拣梗，但目前仍达不到产品要求的净度，需要人工手拣辅助。

（一）拣剔的目的

经筛分、风选后，去掉与正茶相近的杂物如茶梗、茶筋、茶子等杂物，提高净度。

（二）机具及其作用

以机器拣梗为主，人工拣梗为辅。常用的机械有：阶梯式拣梗机、静电拣梗机。人工拣梗一般在名优茶加工中使用。

（三）技术要点

拣剔是精制中的薄弱环节，花工多，效率低，成本高。

（1）充分发挥拣剔机的拣剔作用。

（2）充分发挥其他制茶机械的拣剔作用，撩筛取梗，抖筛抽筋和风选去杂等措施。

（3）集中拣梗与分散拣梗相结合。

（四）茶叶静电分选机制

茶叶静电分选的原理（图4-6）是利用茶叶和茶梗的导电性能和介电性能不同，当它进入强的不均匀电场后，发生运动路径的差异而达到分选目的的一种方法。关于茶叶分选的机制，一般认为是由于茶胚在电场中极化带电程度上不同而得以分开。茶叶由于结构及内含物的差异，自由电子较少，所以受力较小而向负极这边偏离小些。如果在恰当的地方加入分离板，就能使茶梗和茶叶得以分开。

电阻率和介电系数不同的茶梗和茶叶从料斗内成一薄层均匀进到旋转的正极圆柱体上，再随圆柱体转动进入和负极所形成的高压静电场中。由于茶梗和茶叶的内含物及结构上的差异，以致在上述高压静电场中所带来的静电感应和极化程度也会有所不同。又由于静电场中负极曲率小于正极，它的电场也因此强于正极，对外来物体的吸引力也会大些而使电荷量不同的茶梗和茶叶的运动轨迹有所差异。在分离板引导下，使茶梗和茶叶分别落于两个容器中。这就是静电选茶电力过程的简单描述。目前，用静电分选梗叶、毛筋的工作量就更大，约占精制总工作

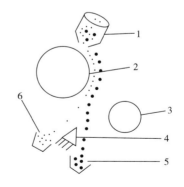

1—料斗　2—正极　3—负极　4—分离板
5—出口容器A　6—出口容器B

图4-6　茶叶静电分选原理示意图

量的60%。因此，如何提高静电分选机的分选效率就成为加快精制速度的关键。

图4-7　茶叶色选机

（五）茶叶色选机

茶叶色选机（图4-7）是利用茶叶中茶梗、黄片与正品的颜色差异，使用高清晰的CCD光学传感器进行对茶叶进行精选的高科技光电机械设备。在目前茶叶精制加工中，有使用色选机替代传统拣梗设备和分级设备的趋势，省工、省时、效率高、加工成本低，能大幅度提高被选产品的质量与经济效益。缺点是价格较高。

工作原理：茶叶从顶部的料斗进入机器，通过振动器装置的振动，被选物料沿通道下滑，加速下落进入分选室内的观察区，并从传感器和背景板间穿过。在光源的作用下，根据光的强弱及颜色变化，使系统产生输出信号驱动电磁阀工作吹出异色茶叶吹至接料斗的废料腔内，而好的茶叶继续下落至接料斗成品腔内，从而达到选别的目的。

六、再干燥

再干燥目的是去除多余水分，紧结外形，提高色、香、味，方法有烘、炒、滚三种。

烘干有为补火干燥和复火干燥两种方法。补火干燥用于茶坯加工付制前去除过高的含水量，使茶坯干燥便于筛制；复火干燥指茶叶装箱之前对各号茶的最后一次干燥，使水分达到规定的含水量，同时发展香气，固定品质。加工付制中有生做熟取和熟做熟取之分，茶坯干燥后再加工的称熟做，不经补火即加工付制的称为生做。

拼配付制的毛茶在分路加工以前是否复火干燥，即熟做还是生做，一般根据毛茶含水量来决定。生做、熟做以及生熟混做，三种方法各有利弊，应选择适合当下情况的使用。

（一）毛茶复火滚条的方式

一般毛茶复火滚条的方式有4种，用炒与烘，热滚与冷滚交替组合的方式进行。

（1）毛茶→炒→热滚（冷滚）；

（2）毛茶→烘→热滚；

（3）毛茶→烘→炒→热滚（冷滚）；

（4）毛茶筛分分段后，上段炒→滚，中、下段烘→滚。

这四种方式中，热滚比冷滚好，前者条索较紧结，色泽灰绿较润，香高、味浓醇；后者条索较松，色泽灰暗欠润，香低、味欠醇。而且贮存一段时间后，冷滚的色泽容易退掉。实践证明炒比烘的条索紧结，但断碎增多。因此，细嫩的高级茶锋苗好，宜烘不宜炒；条索粗松的低级茶，则以炒为佳。若采用分段复火，上段茶宜炒，中下段茶宜烘，而且分段复火滚条，有利于分别采用不同温度和时间等技术措施，提高品质。

（二）复火滚条的主要技术参数

一般烘温（进风口温度）为80~120℃，茶坯含水量掌握在5%~5.5%，偏高，则条索粗松，钩曲条难以脱钩，有碍分筛取料；若含水量偏低，不仅碎末茶增加，而且易造成老火、焦茶。锅炒温度宜为90~110℃，先高后低，炒30~40min，茶坯含水量掌握在5%左右。滚条时间，中段茶50~60min，下段茶70~80min。

七、拼配

拼配是现阶段茶叶精制加工（指生产拼配）的一个重要技术组成部分，它与原料的验收、定级、拼和首尾呼应，通过合理的工艺加工处理，构成一个拼配网，用以调剂品质，发挥原料的经济价值，提高产品质量，是目前精制加工企业完成各项主要经济技术指标最为重要的一环。

成品茶拼配对调节品质、稳定级型、降低成本起决定性的作用。茶叶精制的原料是毛茶，毛茶由于受品种、土壤、地势、气候等自然因子的影响，形成了自然品质的特殊性，加之茶园管理不同，采制技术各异，毛茶品质比较混杂。毛茶通过精制工艺技术的处理，按其大小、长短、粗细、轻重分档分级，去除粗劣，统一规格，所以，精制是茶叶分清级档的过程，而拼配则是重新组合的过程，前者为拼配的条件，拼配是精制的必然结果，两者有分有合、相辅相成，其最终目的是使出厂成品质量稳定，且符合国家规定标准。

茶叶拼配是一项细致复杂、政策性较强的技术工作，它既是确保产品质量的有效手段，又是企业技术管理中的重要环节。广大茶叶工作者通过长期生产实践，总结出现阶段普遍采用的"单级拼和，单级付制，多级收回（或多花色收回），多批次同级综合拼配"方法是比较科学的拼配法。因为高档原料回收的低档茶，其品质外形轻飘不成条，但内质香味醇正，叶底嫩度高；而低档原料回收的主级茶，尽管条索紧细、匀正，但香味欠醇浓，叶底柔嫩度差，两者综合起来，外形、内质都得到调剂，又起到降低成本的作用。

（一）拼配的分类

拼配分毛茶拼配、筛号茶拼配、半成品综合拼配和成品茶的拼配4种。前三者一般是在精制厂进行，成品茶的拼配则是根据国内外市场销售的需要，多数是由口岸公司或商业部门进行。

（二）拼配的原则

要搞好拼配，必须做到重质先于重量、小样双准确、吃透各级原料。

1. 重质先于重量

重质先于重量是拼配工作者务必遵循正确的思想，端正的态度，必须贯彻执行"重质先于重量"的方针，坚持把质量放在首位。要在确保产品质量的前提下，充分利用原料的经济价值，从各方面降低生产成本，提质增效。

2. 小样双准确

小样双准确是首先扦取筛号茶的小样要准确，要具有充分代表性，其次筛号茶的重量要称得准确。因为筛号茶小样是拼配的素材，又是决定成品大堆样品质的基础，大小样如果不符，轻则造成返工浪费，重则影响拼配厂家的信誉。因此力求做到小样品质、重量两准确，把大小样的差距缩短到最小的限度。在利用机械进行毛茶拼配后付制的单位，可以采取机口取样；无条件进行原料拼配的单位，最好在筛号茶成器后（一般在风选或拣梗后）将筛号茶逐号拼和检样、过磅，这样扦取的小样比较具有代表性和准确性。

3. 吃透各级原料

吃透各级原料首先要吃透手头，就是要充分了解本批原料情况（包括等级、重量、产地、品质特征等），各级（各花色）的取料计划情况，各个筛号茶的品质规格情况，如筛档是否分得清，匀齐度与净度是否合乎要求，正茶中是否含有付茶，付茶中是否含有正茶等，在筛号茶符合规格要求的情况下进行拼配。第二要吃透前头，就是对以前收回的在库待拼的半成品要做到胸中有数，尽量做到各批各级（各花色）的半成品留样存档，尽量缩短半成品的库存时间，维护茶叶品质，提高仓库利用率，加速资金的回笼。第三要吃透后头，就是要了解在制品和库存毛茶的情况，在一般正常的情况下，采用"单级付制，多级收回"的方法。但在加工临近结束，各级原料参差不齐，不论精制或拼配都要灵活掌握，不留"尾巴"，做到干净利索，清仓理库。

（三）绿茶拼配技术

拼配绿茶时，不仅要注意外形、内质各项因子的调剂，还要注意上、中、下段茶的合理搭配。因为同级原料的上段茶（4~5孔茶）俗称面张茶，外形匀正，显锋苗，香味醇和，但浓度不如中、下段茶。中段茶（6~8孔茶）香味浓，嫩度好，但如无面张茶盖面，则外形短秃少锋苗。下段茶（10~16孔茶）拼入适量，可以增强成品茶的浓度，但如拼入过量，不仅外形下脚重，而且影响香味的醇度和水色的明亮度。所以，通过拼配可以求得质与量、质与价矛盾的统一。

（四）成品茶拼配比例技术

成品茶拼配中各号茶的比例，由于各茶区的茶树品种、采制方法和精制流程不完全统一，拼配时要因茶制宜，看茶拼配，灵活掌握。上、中、下段的比例要匀称，原则掌握中间大，两头小，必须严格对照国家标准样进行拼配，这是拼配工作者务必遵循的准则。通过筛号茶的拼配，对精制加工各个过程进行全面检查，对各个环节中存在的问题可以及时发现，对指导生产、提高精制率与成品茶的品质有着积极的作用。

（五）对样拼配方法

所谓对样拼配，就是要求组成的成品小样的品质水平，对照标准样，既不偏高，也不偏低，要求掌握恰到好处。这样既保证了产品质量，又发挥了原料的经济价值，真正做到又好又省。

关于对样拼配的具体做法如下。

（1）检查入库筛号茶，主、副级是否齐备，各茶类、各孔各路茶的数量是否够得上拼一只成品，品质调剂的选择面广不广，如果条件成熟，就可着手拼配。

（2）在拼配时，选择中准半成品，按比例先拼入本身茶，然后拼入长身、圆身茶，最后拼入轻身、筋梗茶；在上、中、下三段茶的拼配次序上，先拼上段茶，搭好骨架，然后按比例拼入中段下段茶。试拼小样，要求外形能基本对上标准样，然后再开汤审评。

（3）对照标准样，检查各项因子有无偏高偏低情况，力争八项因子都能符合标准要求。

（4）在对照标准检查的同时，应将前期出厂选定的参考样或上次出厂的成品样一并对照检查，以平衡品质。

（5）小样拼好后，为了统一标准，避免返工，应送厂部进行品质和碎茶、粉末等内容的检验。

（6）小样经预验合格后，开具匀堆装箱通知单通知小组匀堆。

（7）匀堆后再扦取大样，与小样和标准样对照审评，检查大小样是否相符，对照标准样是否有偏高偏低情况。

（8）大样经检查符合标准后，送厂部复查品质、检验水分、碎茶、粉末等，经检查合格后，才能钉箱出运，整个成品拼配工作才算完成。

此外，拼配时还要注意正确处理内质、条索、净度、整碎与外形的关系，香气滋味、叶底嫩匀度与内质的关系，以及前后期品质调剂与整个成品品质的关系。

拼配是一项细致、复杂、政策性较强的技术工作，但只要有合理的精制工艺流程，制出符合规格的筛号茶，从"严肃"两字着眼，在"认真"两字着手，摸索精制与拼配的规律性，就能运用自如，得心应手。

随着贵州省茶叶生产的发展，努力提高各地茶场初精制联合经营的生产技术和经营管理水平，对提高茶叶品质、促进产业经济发展关系极大。对规模不大、仓储不足的茶场，采用"蛇蜕壳"（从高档原料开始逐级顺序向下付制）的精制法，辅之以"滚雪球"（从高档顺序逐级综合拼配出厂）的拼配法，可以缩短半成品的库存时间，加快产品的调运，加速资金的回笼，这符合"多快好省"的精制拼配原则。

八、匀堆及装箱

把同级别、同花色的半成品按试拼小样的方案均匀混合成商品茶的过程为匀堆，也称均堆或打堆，是茶叶精加工的最后一项工序，采用匀堆、过秤、装箱联合机或人工方法，将大小不同的筛号茶进行拼配均匀，并称重和装箱。

一般小型茶厂多采用手工匀堆，将半成品（筛号茶）依粗细、大小交错，一层一层地平铺于洁净的地板上，打铲混合均匀后过磅装箱。大型茶厂一般采用自动匀堆装箱机，它由多口进茶斗、输送带、行车、拼合斗、装箱机等五部分构成。拼合斗为并列两组，每组由8~15个分斗组成，一组为初匀斗，另一组为复匀斗。待拼的半成品分别投入进茶斗，按拼配比例下流，由输送带送入拼合斗顶端的行车，行车在拼合斗上来回行走，将半成品均匀地撒至各拼合斗内，经两次拼和后，输入装箱机过磅装箱。

匀堆的目的是把已经整理分开的各档筛号茶，依照筛号茶拼配比例混合均匀，使每一批品质一致，没有明显差异。毛茶经筛分处理后，分出大小、长短、粗细、轻重不同的各筛号茶，称为半成品。各筛号茶的品质不同，通过拼配匀堆，使各筛号茶拼配在一起，符合各级产品规格要求。

（一）拼配匀堆前的准备工作

首先要熟悉原料的加工工艺，了解各筛号茶的来历及品质特点，有何优点和不足之处，这样才能在拼配时做到显优隐次。

此外，还要了解并熟练掌握标准样的品质要求，尤其是眉茶、花茶茶坯、工夫红茶，还要认真分析上、中、下三段茶的比例，这样在拼配时才能正确选配各筛号茶的数量并按比例进行拼配。

（二）拼配匀堆的顺序

1. 设计方案

设计方案是设计标准样的拼配单。根据标准样的要求，确定准备需要哪些筛号茶拼配成标准样以及它们的比例怎样，都需要在拼配单中列出。各筛号茶拼配比例的多少，应根据拼配后成品的外形和内质的具体情况进行调整。

2. 拼小样并进行相应调整

拼小样，并检样审评，对不符合要求的品质因子还要进行调整。一般是对照标准样，先从外形着手拼出小样，当拼出小样的外形品质与标准样相符时，才能开汤审评，进行内质因子的调整。

（1）查看外形

①形状：条形茶检查条索，圆形茶检查颗粒的松紧、粗细、身骨、轻重等。

②整碎：检查上、中、下段茶是否匀称，下段茶有多少。

③色泽：检查匀度、色度（油润）。

④净度：检查茶梗、朴片、茶籽和其他夹杂物有多少。

（2）检验内质

①叶底嫩度和色泽：嫩度检查芽头数量，叶质的软硬。色泽检查匀度、亮度，绿茶还要检查有无红梗红叶，红茶检查有无花青。

②香气和滋味，检查香气、滋味是否正常。

（3）调整

根据审评结果，对不符合要求的各因子进行调整。

首先应考虑外形问题，看上、中、下各段茶的比例是否匀称，若外形面张较粗松毛糙，就应该少拼面张茶。

其次应考虑内质问题，如发现香低味淡，则应多拼高山茶和春茶，少拼平地茶；如发现叶底欠嫩则一般将5孔茶复撩去头或少拼子口茶；相反如内质标准偏高，则相应拼入低档筛号茶。

最后，还要考虑茶叶总体的经济价值，多设计几个拼配方案，进行比较。如此按照外形内质各项因子逐项进行审评对比，直至外形内质均符合标准样为止，把小样各筛号茶的拼配比例决定下来，即可按比例拼大堆，匀堆装箱。

由于拼小样是成品匀堆的依据，因此所扦取的各半成品筛号茶必须具有代表性，以免大样对不上小样，造成成品品质不合格。此外，拼配时要估计品质可能出现的偏差，适当留下一部分茶作调剂茶，以供匀堆时万一出现大样对不上小样可作调整之用，不要一拼就全部拼完。还要及时扦取大样进行核对，保证出现偏差时及时纠正。

3. 开匀堆单，匀堆装箱

根据小样审评结果，开列好拼配匀堆单，通知车间按照比例进行匀堆。

目前许多茶叶精制厂的匀堆装箱作业都已实现匀堆、自动过磅装箱联合机械生产，可使各筛号茶均匀拼和，基本上能保证匀堆装箱符合标准。

有部分厂家仍为手工操作，其匀堆效果不十分理想，堆前与堆后品质不匀现象常有发生，因此如发现匀堆不匀，应及时采取补救措施。

（三）茶叶匀堆装箱机

茶叶匀堆装箱机组主要用于初精制茶厂的茶叶过磅、装箱，是茶叶拼配系统流水作业中亟待解决的一个技术问题，它能大大减轻人工作业，降低生产成本。该装箱机设计为两种工作程序：第一种为茶叶装箱程序。该程序控制时，人工放置空箱后，其他过磅、装箱、摇箱、推箱等均能实现自动控制。第二种为茶叶装袋程序。处于该程序工作时，除人工放置空袋和按动下茶开关外，其他过磅、装袋、摇袋等也能实现自动控制。茶叶匀堆装箱机还装有产量自动显示装置和过磅程序指示装置，并具有自动和手动两种控制功能。

1. 茶叶匀堆装箱机工作原理

在进行装袋程序时，要求送箱机不工作，摇箱机不能反转，摇箱幅度相等，下茶装袋不联动，其他过程与装箱程序相同。当打开装袋半自动程序开始时，茶叶从贮茶斗落入秤茶斗，自动调节过磅，达到标准量后，按动下茶按钮，秤茶斗中的茶叶落入茶袋，摇箱同时进行。下茶完毕，扎袋推出，同时秤茶斗门自动关闭，茶叶从贮茶斗中又落入秤茶斗里，自动过磅，然后重复以上装袋过程。茶叶匀堆装箱机工作原理见图4-8。

2. 主要技术特性

茶叶匀堆袋箱机（图4-9）主要技术特性：生产率60箱/h；精度<0.4%；贮茶斗容积约1.9m³；称茶斗容积约0.19m³；茶箱规格0.46m×0.46m×0.5m；摇箱电机0.55kW，送箱电机0.6kW。

3. 使用茶叶匀堆装箱机需要注意的问题

目前的匀堆装箱机，有的由于没有安装流量计和自动调节的

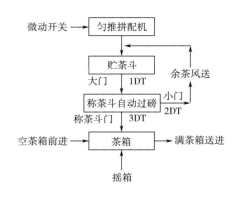

图4-8　茶叶匀堆装箱机工作原理

图4-9　茶叶匀堆装箱机

出茶门，难以控制各筛号茶的比例和流量，影响茶叶出厂产品质量，甚至大样与小样、标样不符，需要返工。

第三节　毛茶的处理

在茶叶精制加工中，毛茶原料的成本约占生产成品茶总成本的90%。对毛茶科学评级、合理运用，才能发挥原料的经济价值，获得最佳经济效益。

一、毛茶的品质特征

（一）品质结构

绿毛茶（以长炒青为例）的品质结构，主要指以下四个方面，它们对茶叶精制有着重要的影响，需要在毛茶处理阶段合理拼配。

1. 毛茶的外形风格

不同市县地区，甚至不同乡镇的初制茶厂，由于茶树品种、茶园小生态环境以及初制工艺的差异，所产毛茶品质必然有着自己的风格特色，特别是在外形上，有的条索紧结，色泽绿而起霜；有的条索完整，有锋苗，色泽绿润等。

2. 毛茶的高、中、低档比例

长炒青毛茶分为6级12等。1、2级为高档，3、4级为中档，5、6级为低档。精制厂毛茶的各级数量比例，反映了精制加工原料的品质结构和总体水平，合理配比毛茶各级比例，对提升精制效益具有重要影响。

3. 毛茶的春、夏、秋茶比例

春茶品质好，夏、秋茶品质差。春、夏、秋茶的数量比例，反映了全年毛茶的品质水平，它从茶叶身骨、精制取料、成品制率等方面影响着精制工艺。根据国内茶厂相关试验，同一等级春茶与夏茶比较，标准级制率提高4%左右。

4. 毛茶的含水率

毛茶原料因受产区自然环境、气候因子以及贮运条件等制约，含水率不尽相同。而毛茶含水率的高低，直接关系到精制上的生做与熟做问题，以及付制的时间问题。

（二）毛茶常见品质弊病及成因

炒青毛茶在生产中产生的红梗红叶、松、扁、断、碎等弊病，会严重影响毛茶的品质，需要在毛茶处理中加以辨别。

1. 红梗红叶

鲜叶红变在毛茶的叶底可表现为叶尖、叶边或叶片的局部、多部以致全部发红，而这种现象在叶片的主脉及嫩梗的全部或局部却没有产生，且红变部位与未红变部位之间有非常清晰的界限，呈割据状。初制过程中由于杀青温度低或杀青温度不足也会造成红梗红叶，它的表现是嫩梗及芽泛红，而叶片不红；或者嫩梗和叶片主脉泛红，其他部位没有泛红或局部泛红，且泛红与未泛红部位之间没有明显的界线。

2. 叶底花杂

叶底大部分黄绿一致，少数芽叶泛青，或一张叶片有局部泛青，这是杀青叶生熟不匀的表现。如果叶底中有靛蓝色的芽叶，标志着某一阶段的杀青偏嫩。而叶片呈线状棕褐色痕迹，表明鲜叶机械损伤严重。茶树品种混杂而芽叶色泽差异很大时也会导致叶底花杂。

3. 条索松散

条索松散常见的有三种情况：

（1）条索松散，且伴有大量的碎片末及焦味，是因为杀青温度偏高，杀青程度偏老，导致揉捻不易成条且产生碎片。

（2）条索中空，碎片少，且条较直，这是由于揉捻时压力轻或时间不足所造成的。

（3）条索松散且弯曲，碎茶少，这是因为初干时茶叶在滚筒中时间过久，水分散失太少。

4. 条扁

条扁常见的有以下三种情况：

（1）条扁尚紧而断，同时伴有大小不等的颗粒和扁块，叶底伴有大量断碎嫩梗，表明杀青偏嫩，含水量过高，揉捻时又未相应减轻压力和减少时间。

（2）条扁，伴有沿着主脉方向成折叠状扁条，以及其他形状的折叠扁块，表明揉捻时叶量过多和压力过大引起。

（3）条紧结而扁，伴随着叶尖拉秃的状况，这表明进入炒干锅时的茶含水量偏高或炒手与锅壁间隙过大，在锅炒过程中茶叶因受挤压而成扁条。

5. 断碎

断碎常见的是以下三种情况：

（1）伴有多量的叶尖断碎，叶边破碎呈缺口，这是再次干燥时温度偏高、失水过快，下机后摊凉时间太短或有摊凉就进入锅或炒干机所引起。

（2）伴有断叶底碎，形如刀切，干茶又呈灰色，表明锅炒时间过长，投叶过多。

（3）碎而扁，又有许多断碎嫩梗，有时有片末黏结而成的颗粒，表明杀青偏嫩、含水量偏高。

6. 色黄暗

常见的色泽弊病有色黄、色青、色乌暗。

（1）色黄但叶底匀，是杀青或初干过程中排气不良形成。

（2）色黄而叶底不匀，是干燥阶段火温偏高所致。

（3）色青，叶底如同热水烫状，是杀青不足和不匀所致。

（4）色乌暗是足干过程温度过低的表现。

7. 焦

毛茶焦味的表现有三种情况：

（1）叶底有焦味，叶片有焦边和焦斑，是杀青火温过高引起的。

（2）叶底上有焦点，或有灼焦的小孔斑痕，表明初干或再干时火温过高。

（3）毛茶上的焦白点，是足干时温度过高所造成的。

二、毛茶加工的目的与原理

毛茶加工目的从五个方面进行：整饰形状；分清级别；剔除劣异，提高净度；适当干燥，提高香气，便于贮运；成品拼配，调剂品质，统一规格。

毛茶加工过程有简有繁，各地做法各异，但概括而言，就是通过不同的机械采取分离、解体、合并的方法，使成品茶达到上述目的，符合标准样的要求。

（一）分离

1. 粗细分离

毛茶中颗粒状茶、片状茶其体形大小不同的用平面圆筛机筛分的方法分离。条形茶圆径大小不同的，则用抖筛机筛分的方法分离。

2. 长短分离

茶叶圆径接近而长短不同的,用平面圆筛机筛分的方法分离。

3. 轻重分离

体形大小接近,而体重、厚薄不同的,用风选、飘筛的方法分离。

4. 茶与梗杂分离

一般用风选、飘筛、拣剔等方法,将茶内梗、筋、杂质等与茶叶分离。

（二）解体

毛茶中有体形过大,茶条过长等不符合规格要求的,则用切断、轧碎、打碎、挤碎等方法加以解体,然后再进行分离,达到符合标准为止。

（三）合并

毛茶经过加工后,分成许多外形、内质不同的半成品花色。由于花色太多,不利于装箱交检,也不便于市场贸易销售,因此半成品中的各种花色还应按照同类型、同茶号、同质量进行合并。

毛茶加工过程中的分离、解体、合并是通过各种机械力的作用来完成的,各种机械的辗转摩擦,会产生不必要的破碎,损耗也会增多,外形色泽会变灰。这些变化随着毛茶加工程序的复杂而加深。因此在加工过程中,必须做到既能保证品质规格,又要力图简化程序,减少重复工作,尽可能使筛分简单,避免不必要的筛切,以减少粉末、提高正茶率、降低付茶比率,同时还要做好拼配工作,充分发挥原料的经济价值。

三、毛茶验收、归堆

（一）毛茶验收的方法和技术要领

毛茶验收分为数量验收和品质验收两个方面,重点在于品质验收,品质验收包括扦样、审评定级、水分及碎末含量检验等内容。

1. 数量验收

目前,调厂的毛茶大都用布袋包装,验收时要认真清点袋数,逐袋或抽袋过磅称重,仔细核对运单上的批号、级别和数量是否与实物一致,发现少袋短秤现象应做好记录,以便及时处理。

2. 品质验收

（1）扦样 品质验收之前,必须先扦取茶样,对于1~4级毛茶,最好逐袋扦样,一般按10袋抽扦一袋,同一交货时间,同批同级数量超过100袋的,每20袋抽扦一袋。各厂虽各自制订有具体的扦样措施,但都必须做到扦样要有代表性。在扦取某袋茶时，应注意袋装茶的上、中、下各部都要扦到。尽量做到取样全面，使样品与该批大堆茶的品质相符，为准确复件定级创造条件。经审评后拟作升降级处理的毛茶，尚需重复扦样。

（2）审评定级　审评定级是毛茶验收的核心。按五项八因子对样看茶（五项为外形、香气、滋味、汤色、叶底；八因子为形状、整碎、色泽、净度、香气、滋味、汤色、叶底），合理评定等级。在实际收购中对毛茶的外形进行全面的审评，着重看嫩度和条索两项内容。

①嫩度：毛茶的老嫩是决定品质的前提，是外形审评的重要项目。因为嫩叶的可溶性物质含量较多，叶质柔软，容易成条。只有初制技术和操作方法合理才能制出优质的干毛茶。但应注意老嫩与大小无绝对关系，正常芽与休止芽要分开。审评中各个项目并不是孤立的，嫩度好的在正常情况下有相应好的条索。

②形状：形状在审评项目中也是主要的。嫩度好的鲜叶如果初制不合理，条索就会松泡、弯扁、断碎、缺乏锋苗，在加工精茶时就会片末增多，精制率低。

③净度和整碎：审评毛茶的净度和整碎，首先要练好筛盘基本功，使干毛茶在样盘中明显地分成面张和中下段，再根据面张粗老叶和梗朴所占比例以及下段碎末的含量，在计茶时全面考虑。

茶叶除干看外形外，还要着重内质，而滋味、香气又是重点。通过开汤闻香气、尝滋味、看叶底可以发现仅看外形所发现不了的弊病，这也是评定毛茶品质优次的重要手段。

（3）水分检验　水分检验通常采用120℃、60min 快速法。《中华人民共和国进出口商品检验法》规定称样 10g，130℃烘干法。毛茶含水量超过 8%，必须复火后才能入库，同时要扣除水分计价。一般水分控制在 7% 以内，不能超过 9%。

（4）碎末含量检验　碎末检验应采用 GB/T 8311—2013《茶粉末和碎茶含量测定》方法，即用电动筛分机，转速为 200r/min，回旋幅度 50mm。称取 100g（精确至 0.1g），倒入孔径为 1.25mm 筛网上，下套孔径 1~12mm 筛，筛动 150 转。取孔径 1.12mm 筛的筛下物称量（精确至 0.01g），即为碎末茶含量。其含量若超过 6%，超过量按碎末茶计价。一般烘青不能超过 3%~5%，炒青不超过 7%。

在毛茶对样时，不论发现毛茶升级或降级都应升、降级归堆，发现霉坏、异味等劣变茶叶，要单独及时处理，不与好茶相混。发现毛茶超过水分要求，除应扣除水分多余的毛茶外，还应及时进行毛茶补火，并定级归堆。

（二）定级归堆

各类毛茶因产地、季节、采制时期和等级等不同，外形和内质都有很大的差异；同时，茶厂将毛茶加工为成品，花色规格繁多，品质要求各不相同，必须把毛茶定级归类、划清品质，以便按各种不同成品品质要求，进行不同的、合理的选择毛茶拼配和付制。

定级是根据产品种类等级和毛茶品质进行的。参照定级参考样进行对照，确定定级。确定加工最高级成品的级别，定原料的加工等级（现已简化）：1~3级为特珍一级，4级为特珍二级，5级为珍眉一级，6级为珍眉二级。

归堆是按生产成品茶品质要求和地区性品质等不同进行分堆。一般外销归堆要求：外形内质相适应、条索紧结、叶底明亮、香味正常、无烟焦等异味；绿茶无红梗红叶和暗叶，红茶无花青和乌条。而外形内质不相适应，条索松泡，净度差，叶底不明亮，香味不正常的可归内销茶堆。根据毛茶品质特征分堆有：产地不同、品种不同、制法不同、季别不同等分别归堆（库存较多时应标明详细明细）。

按毛茶质量优次分别入库，以便拼配付制。各地具体做法不尽相同，但总体上可做如下考虑。

1. 正茶与副茶分别归堆

毛茶外形和内质均属正常品质归正堆；外形或内质有劣变现象的，据劣变程度归重劣变堆。一般条索松泡、净度差、叶底暗杂、香味不正常者，不能作为出口眉茶原料，定为内销茶原料。

2. 按地域性品质分别归取

高山茶的外形条索粗壮，香味浓厚，叶底肥软；丘陵、平地茶，一般外形条索细瘦，香味清醇，但欠高长，叶底较薄硬，则应分开贮存，待毛茶付制时进行拼配，以取长补短。

3. 按季别、品种分类归取

春季绿茶较夏、秋茶条索紧结壮实，香味鲜醇，叶质柔软，嫩匀度好；夏、秋茶滋味浓涩，叶质粗硬，而且对夹叶多，则应与春茶分别存放。至于茶树品种不同，更是各具特色，数量多者分别归堆，若数量不多，则可并入春茶归堆。

四、毛茶拼配付制

毛茶拼和付制是在毛茶验收、归堆的基础上，对所要付制的毛茶进行合理的选配与拼和，是毛茶加工前一项重要的技术措施。毛茶拼和付制、加工、成品拼配是精制过程中互相依赖、互相配合、前呼后应、相辅相成的整体。做好毛茶拼和付制，为获取预期的加工效果提供了可靠的保证，也为成品拼配奠定了良好的基础。

（一）毛茶拼和付制的目的

毛茶拼和付制的目的是方便加工，有利取料、调剂品质，以保证产品质量和发挥原料的最大经济价值。

1. 方便加工、有利取料

毛茶加工是以毛茶原料为基础的。只有加工方便，取料合理才能做成优良的产品并获取较高的制率。如果毛茶拼和付制不当，就会导致工艺流程复杂化，不利于加工取料，优良的产品品质也难以形成，而且易出现走料、屈料现象。毛茶原料的最高经济价值也难以充分发挥。

对于重外形的红茶、绿茶精制，毛茶的形质越单纯，外形越一致，加工整形就越容易，取样也能做到越精细。因此每批原料付制，要求所选配的毛茶，外形基本一致，品质尽可能地单纯，以便加工取料。对于精制工艺简单的青茶、白茶等，虽可采用多级拼和付制，但同级原料的外形也应接近。

2. 调剂品质

毛茶拼和和成品拼配都是调剂品质，并首尾呼应，共同组成一个协调的品质调剂网，以保证产品合格和质量的相对稳定。毛茶拼和要尽量为成品拼配创造有利条件，并尽可能分担成品拼配的内容，减轻成品拼配的工作量，使产品尽快拼配出厂。为此，在力求付制原料外形一致的前提下，尽量将内质不同的毛茶分批搭配付制或同批拼和付制，以调剂成品的品质。一般有同级别或同等别进行调剂。

对于多级拼和付制（如青茶加工），由于各级毛茶外形差异较小，拼和主要是内质调剂，使其达到成品茶内质要求，因此在拼和选择毛茶时应注意各级毛茶内质间的协调性和成品茶品质要求。

（二）毛茶拼和的内容和方法

毛茶拼和是指同批（次）毛茶原料的品质选配及拼和。

1. 拼和的内容

（1）地区茶比例　毛茶原料具有多地区性，而不同地区受气候、土壤、采制等影响，品质参差不齐，有外形紧结、内质差；有的外形差，内质好；有的过于断碎、有的紧实；有的松泡。因此在拼和时，必须根据地区性特点，选配一定的比例来进行调剂。同时较好地区性茶必须做到细水长流，批次均匀；较差的地区性茶必须根据品质限量使用，防止用量过多，影响加工取料和成品品质。

一些特别的茶如梗过多，应集中拼和付制，不能混于其他茶付制，否则增加工艺的复杂性，取料难度加大，对成品品质造成不良影响。

（2）季节茶比例　春茶条索紧细、身骨重实、香味较好；夏秋茶条索粗松，身骨轻飘，香味淡薄，并有较重的苦涩味。

一般对夏秋茶是限量拼和，保证每批（次）拼和原料有相当数量的春茶（一般占 55%~70%）。

同时为了稳定季节生产的产品质量的稳定性，季节性茶必须保持一定的比例即要贮备一定数量的"保质茶"，来调剂季节生产的品质。

"保质茶"的处理办法以下有三种：

①选取细嫩有锋苗的优质春茶，作为后期（11~12 月）原料调剂拼和。一般是结合外形，按内质进行单独归堆，并在归堆前进行复火，以利较长时间贮藏。归堆一般是 100~150 担，分等级归堆。

②选取较好春茶作为中期（8~10 月）原料拼和调剂之用。

③在 5 月份挑选春茶加工成半成品，用箱装进行贮备，在成品拼配时调剂选择。

夏、秋茶的用量比例，一般规定：一级 2%~3%，二级 7%~10%，三级 25%~30%，四级 35%~40%。

不是每次都需拼入夏秋茶，比如对重香味的高级茶，一般不拼夏茶；在加工前期 5~6 月，也不存在季性搭配，都是春茶，所以一般不进行成品拼配，以半成品贮备，待后加工成品拼配时，作调剂之用。主要是为了使出厂的同级茶叶，前后期品质基本相同。

（3）品种及初制方法不同搭配　毛茶由品种不同，品质亦有较差异，大叶种与小叶种外形差异较大，应分别付制，同时中小叶种外形差异小，但内质差异较大，可拼和付制，调剂品质。初制方法不同（如炒青干燥有锅炒、瓶式炒干、滚筒炒干），就存在外形差异，可以进行拼和付制，使内质得到互相调剂。

2. 拼和方法

（1）拼和付制方法

毛茶拼和付制有以下三种形式。

①单级拼和、单级付制、多级收回：每次付制毛茶只有一个级别，制成产品有多级。这种方法具有付制品质单纯、便于加工、减少制工反复、简化工艺、节约工时等优点，但存在有的产品不够全面、不能及时拼配出厂、筛号茶在车间贮存时间长、品质易发生变化的缺点。

②多级拼和、多级付制、单级收回：付制毛茶每次有几个级别，产品基本上为一个级别，这种方法具有每次制成的产品大部分可拼出厂、生产周期快的优点，但工艺复杂，加工困难。

③单级拼和、交叉付制、多级收回：以每三批或四批为一个周期，第一次付制上级茶、第二次付制下级茶、第三次付制中级茶。每次有多级产品，付脚茶三次集中最后一个做清。高档茶单独成箱；低档的成品与下一批次的成品拼配或贮存待拼。这是常采用的方式，可以克服单级付制存在的缺点，工艺也不复杂，又可稳定成品茶的品质。

（2）制定拼和参考样

制拼和参考样是为了稳定原料拼和水平，使全年的同级原料拼和质量基本一致，便于加工技术的掌握和取料的进行。

制定的方法：季节参考样和总拼和参考样。同级订样——每个级别订出上、下两只参考样，每次拼和水平以中级水平为准。

①季节参考样：5～7月每月加工的批次中，同级原料拼和在一起，得到5～7月份参考样。8～10月每月加工的批次中，同级原料拼和在一起，得到8～10月参考样。11月至次年3月每月加工的批次中，同级原料拼和在一起，得到11月至次年3月参考样。

②总拼和参考样：全年的加工批次中，同级原料拼和在一起，得到某年总拼和参考样。

③对样拼和：对样拼和是精心选取待拼茶叶，重新评定级别，并对核对拼和级别，做相应地升降，对于茶梗较多、红梗红叶多、青张暗叶、烟焦等低次劣茶多的应从样茶中除去，使待拼茶外形基本一致，内质符合成品茶品质要求。

再分析参考样茶上、中、下级的所占比例，按照参考样标明品质组成，试拼小样。试拼小样时，根据每批付制量多少取量，一般每次付制50t的取20g/t，每次付制20～25t则取40g/t，最后能达到3罐小样的数量。

小样还要反复复评，进行调整，高的调低，低的调高。直到达到参考样的品质水平。

3. 制订月批次计划和分批制率计划

茶厂进行毛茶加工，要做全年整体性安排，在落实年、季、月及外、内销加工任务的基础上，根据毛茶库存情况和生产能力，制订月批次计划和分批制率计划，使加工生产按计划进行。

（1）制订月批次计划　制订月批次计划包括批次、批量和批次毛茶搭配三个方面。

①批次：每月付制的批次，各厂尚不一致，少的仅5～6批，多的十几批。

批次安排过多，加工进程更换批次频繁，经常需要根据不同批次的毛茶调换筛网和改变取料方法，不便于技术管理和制品的管理。批次过少，一般批量较大，完成每批加工所占用的时间较长，生产周转慢，成品拼配选择面小，不利于品质的调剂。每月批数的安排，既要方便加工，有利成品拼配，又要尽量缩短生产周期。根据各厂的经验，采用单等交叉付制的以 3~4d 一批，每月 8~10 批为好；采用单级阶梯付制的，成品拼配周期中的批次较多，以 2~3d 加工一批，每月可安排 10~14 批。

②批量：批量即每批付制的毛茶数量，根据月加工任务和批次而定。采用单等交叉或单级交叉付制，月加工数量在 500t 以上的厂，批量可安排 50~75t；月加工数量在 250t，批量为 15~25t；采用单级阶梯式付制，月批次数较多，批量一般在 15~50t 较好。

③批次毛茶搭配：每月付制的毛茶，各批次之间的销别、等级、品类要进行合理搭配以维持生产平衡。首先安排要按外、内销原料搭配。眉茶加工工艺复杂，花工多，特别是手工拣剔的工作量大，内销茶加工工艺简单，工时量少、手拣量少，在安排生产时，为了平衡各工序不同的加工进度，减缓手工拣剔的压力，使生产能均衡进行，每月至少应穿插 1~2 批内销茶。其次要安排好外销原料的等级、品类搭配。同样是为了平衡各工段加工，使生产均衡进行，同时也是为了保证成品尽快拼配完成并出厂。搭配时常用单等（级）交叉付制（表 4-2）或单级阶梯式付制。

表 4-2				单等（级）交叉付制月批次毛茶安排				
批次	1	2	3	4	5	6	7	8
毛茶等级	二级	八级	五级	茶朴	三级	七级	四级	级外
数量/t	75	75	75	50	75	75	75	50
销别	外销		内销		外销		内销	

（2）制订分级制率计划 每批付制的毛茶，先要拟定好等级、品类的拼和方案，然后根据拼和毛茶小样，认真审评外形与内质，根据品质高低和规格特点，并结合过去同级毛茶的成品回收实绩，确定能制取哪些花色、级别以及各级所占的比重，即为制订分级制率计划或称分批原料计划。制订分级制率计划可参考杭炒青分级制率，如表 4-3 所示。

表 4-3　　　　　　　　　　　　杭炒青分级制率　　　　　　　　　　单位：%

毛茶级别	特珍一级	特珍二级	珍眉一级	珍眉二级	珍眉三级	珍眉四级	珍眉不列	雨茶一级	秀眉特级	秀眉二级	内销茶芯及规格	副产品	合计
1	47	1	7	3	2	2	—	15	8	6	1	6	98
2	30	1	10	6	3	3	2	15	10	7	3	8	98
3	14	1	12	8	6	6	6	13	12	128	4	8	98
4	—	5	11	8	9	8	8	10	12	10	7	10	98
5	—	—	9	9	8	11	10	7	12	10	13	10	99
6	—	—	—	8	8	12	22	—	9	7	17	15	98

（3）拼配成品茶各茶区的原料稍有差别，所以拼配时也不同。安徽及浙江眉茶成品级系数、炒青绿茶级差系数见表4-4、表4-5。

表 4-4　　　　　　　　　安徽及浙江眉茶成品级差系数

品名与级别		代号	产地	
			安徽	浙江
特珍	特级	41022	165	—
	一级	9371	135	135
	二级	9370	100	100
珍眉	一级	9369	91	88
	二级	9368	80	77
	三级	9367	63	62
	四级	9366	46	45
	不列级	3008	39	36
雨茶	一级	8147	100	101
贡熙	特级	9377	91	84
	一级	9389	79	70
	二级	9417	62	52
	三级	9500	44	36
	不列级	3303	34	30

续表

品名与级别		代号	产地	
			安徽	浙江
秀眉	特级	8117	55	54
	一级	9400	—	—
	二级	9376	—	—
	三级	9380	21	30
	茶片	34403	14	—

表 4-5　　　　　　　　　　安徽及浙江炒青绿茶级差系数

级别	安徽	浙江
一级	149	89
二级	115	80
三级	100	70
四级	84	59
五级	72	50
六级	59	38

（4）各级毛茶付制的质量比值标准参见表 4-6，质量比值由下式计算得出。

$$质量比值 = \frac{标准级各级成品数量之和}{标准级足干毛茶数量}$$

表 4-6　　　　　　　　各级毛茶付制的质量比值标准

级别	一级	二级	三级	四级	五级	六级
比值	100.52	100.89	100.71	100.01	100.26	100.16

（5）拼配后的标准级成品制率由下式计算得出。

$$标准级成品制率 = \frac{\Sigma（各级成品制率 \times 成品级差系数）}{100}$$

式中，标准级足干毛茶数量 = 毛茶数量 × 级差系数 × 干燥率。干燥率指毛茶与成品茶含水量的比值。

（6）拼配后各级珠茶代号见表 4-7。

表 4-7　　　　　　　　　　拼配后各级珠茶代号

级别	特级	一级	二级	三级	四级
代号	3505	9372	9373	9374	9375

五、毛茶制作方法实践运用

毛茶是精制厂的原料，调进厂的毛茶必须经过复评验收，待验收合格后方可归堆入仓储存。整个毛茶验收过程是精制厂毛茶验收归堆、精制加工、成品拼配这三大技术环节之一，也是决定进厂原料品质好坏的第一关。

（一）对高档毛茶采用"嫩茶粗做"的方法

高档毛茶采用简化流程、放宽孔号"嫩茶粗做"的方法。

这些原料的做法，可以直接上圆筛（孔号为5、6、7）进行分筛，4孔、5孔、6孔茶上抖筛紧门，经过紧门的4孔、5孔、6孔茶条索紧结，有锋苗，嫩度也很好；再分别通过放大筛网孔号撩筛，撩后进行风选，分别提出本身4孔、5孔、6孔级别茶。采用这种"嫩茶粗放"的方法，可以防止锋苗显露的茶叶在以后的加工中断碎，这些孔号茶在拼配中提级的可能性较大，可拼入较高的等级，而且拼入茶中又能作为面张茶，这就有利于提高成品茶的内质和外形。另外采用放大孔号撩筛又可减少头子茶的付切数量，降低损耗，提高制率。下段茶7孔下，再进行2次分筛（孔号为7、8、10、12），圆头并6孔上撩，12孔续分（孔号为12、16、24、32），32孔下当脚茶处理。

（二）对低档毛茶采用"老茶嫩做"的方法

对4孔、5孔、6孔、7孔茶，重点放在重复多次紧门—撩筛—风选操作上。这种交替操作，不仅能确保不走料，充分发挥原料的经济价值，而且提高了制率和级别。同时抽净了筋梗、毛衣，提高了低档茶的外形和净度。

将茶叶通过风选吹净毛衣，再收紧筛孔，进行紧门、撩筛和随机调节风力，这样反复多次"风选、撩筛、紧门"交替进行，逐步将其中的细条和嫩茎从粗茎细梗中分离出来，再与中档次成品茶拼配，提高成品茶的内质和嫩度，改进茶汤的味道，充分发挥原料应有的价值。如果不精细操作，夹杂在茎梗中的细条和嫩茎，也只能作为茎梗处理，这样导致正茶制率降低，影响经济效益。

（三）把好风选关

风选时要取足本级茶，按质取料。不但要防止片面追求取料率而降低成品的质量，还要防止为了操作方便而忽视经济效益。操作上严格要求不合格的茶叶不取，合格的茶叶不漏。要分清老嫩和茶叶的级别，不同的茶叶风选时，风力要掌握恰当。

1. 根据筛孔茶不同取料

不同孔号的制品，品质存在着一定的差异。风选时应根据筛孔号的不同来取料。下段茶外形断碎，品质较差，而且加工上一般不经过拣剔，风选时身骨宜扇重实，要吹尽细茎细片；上段茶条索稍松，含茎梗多，而且作为成品的面张，风选时身骨宜扇重实，特别是撩头茶，其条索粗，吹紧叶底往往欠嫩，更应注意提高身骨，以保证品质；中段茶条索细紧有锋苗，叶底比较匀嫩，其外形和内质均比上、下段茶好，取料时，身骨宜扇的稍轻，宜多提高档茶，提高制率。

2. 根据毛茶的在制品取料

春茶条索细紧，滋味和嫩度都较好，风选时，风力宜小，争取多提高一级取料，提高经济价值。低档毛茶如夏茶、秋茶细瘦、味淡、茎梗含量高，风选时风力宜扇重，以保证成品茶的重实和净度。

3. 精抽细选防止走料

轻身路中各次风选出的三口、四口茶，不能一概作副茶处理。可用抖筛，抖出细长的嫩条，归并入风选二口作轻身茶。这些茶可参加级型正茶拼配。若作为副茶经济效益将大大降低。平圆抖筛机的24孔、32孔的细末中，可风选出一些重实的茶，否则混在细末中，只能作为脚茶处理，影响茶叶原料的制率。

（四）合理拼配

在加工过程中，由于操作者技术水平的差异和机械效能的不同，某些半成品茶品质已较高。拼配是最后的关口，一般品质较高的，可在拼配时适当调剂，只有这样，才能在保证产品合格的前提下，充分发挥原料的经济价值。

1. 半成品路制调剂

半成品都是分路取料，各路同一级的半成品，品质差异很大。本身路茶条索紧细有锋苗，味好，叶底嫩；长身茶，条索粗长，锋苗较差，内质也比本身茶稍欠；圆身茶，各种切轧头、圆头、脚茶等，由于经过多次切轧，条索或短秃或弯曲或呈块状。其外形和内质均较差，然身骨较重；茎梗茶的茎梗含量多，尤其是拣头的净度差。然而细茎中取回的茶叶，锋苗嫩度均较好。本、长、圆、轻、茎各路茶，只有充分掌握其各自的优缺点，通过合理的拼配，才能互相调剂品质。

2. 半成品原料的调剂

因毛茶级别低，一般都是5~6级和级外茶，故加工出的各级半成品条索较粗壮，或粗松欠锋苗，色泽、净度和内质也欠佳。而高等级毛茶，由于质地细嫩，所制成的半成品，往往条索紧细有锋苗，色泽较润，香味和嫩度较好，但高等级的毛茶在风选取料时，为了尽量提级或取足主级，身骨往往欠重实，只有把高等级原料和中、低等级的原料所制出的同级半成品拼配在一起，才可取长补短，调剂品质。

第四节　精制技术

一、精制加工程序

精制加工一般采用单级付制、多级收回的方法。毛茶加工成商品茶所采用的工艺技术路线简称"路"，通常分为本身、圆身、长身、筋梗、轻身共五路加工。生产中，各茶厂采用的技术路线不尽相同，大多根据本厂的毛茶原料、机械设备技术力量等而定。如眉茶精制可分为五路进行加工，即本身路、圆身路、长身路、轻身路、筋梗路；红碎茶精制可分三路进行，即碎茶路、头子路、片茶路。茶叶精制生产线如图4-10所示。

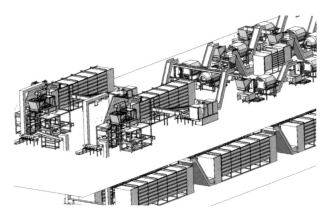

图4-10　茶叶精制生产线

二、眉茶精制工艺

眉茶是珍眉绿茶的简称，因其外形条索紧秀似眉而得名，以炒青为原料精制而成，是我国传统出口的大宗产品之一。眉茶主产于浙江、安徽、江西三省，近几年湖南、湖北、四川、贵州、福建等省也加大了生产。根据产地结合品质特征划分，浙江省有遂绿、杭绿、温绿；安徽省有屯绿、舒绿、芜绿；江西省有婺绿、饶绿之分。其他产地多以省（自治区、直辖市）的简称为名，如湘绿、黔绿、川绿、豫绿等。

我国眉茶素以香高、味浓、色润、形美的品质特征在国际市场享有盛誉，畅销五大洲 50 多个国家和地区，主销摩洛哥、阿尔及利亚、利比亚、马里、毛里塔尼亚、加拿列岛、塞拉加尔等市场，其中不少国家世世代代饮用中国绿茶。目前，我国出口绿茶约占世界绿茶贸易量的一半以上，高达 85%。但绿茶市场并非高枕无忧，世界茶叶主产国印度、斯里兰卡以及新兴产茶国越南等均在仿制中国绿茶，与我国绿茶竞争。因此，眉茶加工必须严格质量标准，提高品质，降低生产成本，才具有竞争力。

（一）本身路工艺

凡通过滚筒圆筛机，平面圆筛机，抖筛机未经切断的茶叶属本身茶，这路茶的加工程序叫"本身路"。本身路的原料是毛茶经分筛后的茶坯，条索紧结，嫩度高，锋苗好，应多取主级珍眉。本身路的工艺流程如下：

毛茶（复火滚条）→ 分筛 → 毛抖（套头抽筋）→ 毛撩 → 前紧门 → 净撩 → 机拣 → 风选 → 电拣 → 手拣 → 补火车色 → 后紧门 → 清风 → 半成品

各级 4~8 孔茶都必经补火车色，其中 4~5 孔为面张茶，可采用炒干车色，其余各孔宜用烘干车色。

（二）圆身路工艺

处理长身路后交下的抖头，经过 3~4 次滚切筛制的茶属圆身茶。这一路的加工程序叫"圆身路"。原料来源于 1~2 次切筛的毛茶头，本身路 4、5 孔毛抖头和 4 孔前紧门头等，外形粗大，条索粗松，含梗多。故圆身路筛制技术的关键是取出珍眉，撩出贡熙，分出筋梗和片末茶，且以加工贡熙为主。毛茶头与抖头差距较大，应分别切抖，首先风选去杂，再反复切、抖，各次抖头和抖底分别合并与分筛，然后按贡熙与珍眉的加工方法分别加工成半成品。

（三）长身路工艺

毛茶初分提取本身茶后，经过 2~3 次滚切筛制的茶叶属长身茶。这路茶的加工程序叫"长身路"。茶坯源于本身路和圆身路的 4 孔撩头，外形条索较长，以取珍眉为主，制法与本身路基本相似。由于茶坯的外形和内质均低于本身茶，在紧门取料时，一般比本身路收紧 0.5~1 孔，而风选取料则要求比本身茶重实。

（四）筋梗路工艺

茶坯来源于紧门筛抽出的细筋梗，各级机拣头、电拣头。细筋梗与拣头的品质差别大，应分开加工。筋梗路的工艺流程如下：

分筛 → 剖扇 → 抖筛 → 撩筛 → 风选定级 → 电拣 → 手拣 → 补火车色 → 割脚 → 清风 → 半成品

拣头加工比较简单，如特珍 1、2 级只需复拣，取出本级或下降一级；珍眉 2 级以下的各级拣头加工的工艺流程如下：

补火车色 → 分筛风选 → 定级 → 机拣 → 手拣 → 切轧 → 撩筛

（五）轻身路工艺

本身、长身、圆身三路经风选扇出的各号子口、次子口茶坯经复圆、复抖、复扇的茶属轻身茶。这一路的加工程序称"轻身路"。为了便于筛制加工，便于筛号茶拼配，又分本轻和长圆轻。经本身、圆身和长身路毛剖的子口和次子口茶统称轻身茶，即为轻身路茶坯来源。轻身路的工艺流程如下：

复火滚条 → 分筛 → 撩筛 → 风扇 → 定级 → 机拣 → 补火车色 → 割脚 → 清风 → 半成品

该路的分筛、撩筛和割脚筛的筛网配置可与本身路相同，风选定级时，取珍眉和雨茶。

以上各路加工的筛网组合如表 4-8 至表 4-11 所示。不过，各茶厂采用的组合不是千篇一律的，它与机械性能、茶坯的物理性状等情况有关，必须灵活掌握，根据实际情况适当放松或收紧筛孔。

表 4-8　　　　　　　　　　各路筛网组合

路别	筛网组合				
本身、长身	4、6	5、7	8、9	12、10	
圆身	5、4	8、5	10、7	12、10	
轻身	5	6	8	10	
筋梗	4	6	9	12	
筋和筋里筋	7	8	10	12	
下身茶	10	12	16	24	32
割脚	24	32	40	60	80

表 4-9　　　　　　　　　　珍眉撩筛筛网组合

筛号茶	筛网			
4	$3\frac{1}{2}$	3	7	16

续表

筛号茶	筛网			
5	4	$3\frac{1}{2}$	8	16
6	$4\frac{1}{2}$	2	4	10
7	$5\frac{1}{2}$	5	12	24
8	$6\frac{1}{2}$	6	12	24
10	$8\frac{1}{2}$	8	16	24
12	10	9	20	34
16	12	12	24	34
24	16	18	28	34

表 4-10　　　　　　　　　　　贡熙撩筛筛网组合

品名级别	筛号茶	毛撩			紧门撩筛		
特贡	5	4	4	$5\frac{1}{2}$	4	$4\frac{1}{2}$	6
贡熙一级	4	4	$3\frac{1}{2}$	5	4	4	6
贡熙二级以下	4	3	$3\frac{1}{2}$	$3\frac{1}{2}$	4	$3\frac{1}{2}$	6

表 4-11　　　　　　　　　　　抖筛筛网配置[*]

工序	毛抖	切抖	紧门	抽筋	筋里抽筋
箱孔	6（7）	7（8）	7~11	12（14）	16（18）

注：表中的括号内数字为另一种配置。

三、工夫红茶精制工艺

工夫红茶，是我国传统的具有独特风格的产品，习惯以产地命名。因各地自然条件不同、品种不同，其红毛茶外形内质都有各自的特点，所以必须经过精制加工才能符合国内外销售的品质要求。

（一）付制方法

红毛茶付制一般采用单级付制多级回收，并合理组织循环批次（如第一个循环批组合为1、2、3、4、5、6等毛茶，第二个循环批组合则应为6、5、4、3、2、1等毛茶付制，如此类推），有利调剂品质，将升降的筛号茶能及时拼配出厂。

（二）生熟加工

一般毛茶含水率在8%以内采取生做；含水率在8%～8.5%的采取生做熟取，即本身路生做，经筛后的长身茶、圆身茶的头子熟做；含水率在8.5%以上的加工前必须打火熟做。

（三）分路加工

根据红毛茶形态、体质的不同，筛切次数的不同分成几路，分别进行加工处理。

1. 本身路

本身路是本批付制毛茶中品质最好的，做好本身茶的取料工作，是发挥原料经济效益的关键。

2. 长身路

长身路茶品质中等，是保级拼配对象。处理这路茶的加工技术要求是在不影响品质的前提下尽量增加取料数量，做到按毛茶等级合理架设筛网，操作上确保投茶均匀，勤刮筛网，以提高茶坯通过率。

3. 圆身路

圆身路茶品质为下等作为降级拼配对象。处理这一路的加工术技特点是反复抖切，筛分整形；减少碎、片、末茶，提高制率。

4. 轻身路

本轻茶条索松扁，有芽尖，身骨轻飘，色泽黑润，是保级拼配对象；长圆轻身茶条索松扁，身骨轻飘，色泽灰褐，是降级拼配对象。加工技术：已经过规格紧门筛孔的茶坯，经平圆筛分后，再分口复抖，抖筛筛网需比紧门规格筛孔紧1～2孔。

5. 筛网的架设

上述本身、长身、圆身、轻身四路的滚筒筛、平圆筛、抖筛的筛网组合应根据不同级别、不同品种合理架设。具体筛分时视外形品质的要求配置不同的筛孔。抖筛机的筛网架设一般为：大叶种1、2、3、4、5级工夫红茶，其紧门规格为7～8孔、6头～7孔、6～7孔、5～6孔；中小叶种2、3、4、5、6级，其紧门规格为 10~11 孔、9~10 孔、8~9 孔、7~8 孔、6~9 孔。

（四）出厂检评

完成各项精制作业后，筛号茶须对照加工验收统一标准样进行申评定级、拼配、检验出厂。工夫红茶外形上须检验形状、整碎、色泽、净度，内质上须审评香气、滋味、汤色、叶底。外销工夫红茶含水率不超过 6%，灰分含量不超过 6.5%，粉末含量不超过 2%。另外，包装箱须防潮、牢固。

四、抹茶精加工技术

现代抹茶是以特殊覆盖栽培的茶叶制成的蒸青绿茶为原料，经研磨而成的超微细粉。它的细度最高可以达到 3000 目。特点是香气清香、淡雅、超微细。蛋白质、氨基酸和叶绿素的含量很高，而茶多酚、咖啡因的含量较低。它无添加剂、无防腐剂、无人工色素，有很强的表面吸附力、固香性及良好的悬浮稳定性，特别容易被肠胃消化吸收。除了直接饮用外，同时还可以作为一种营养强化剂和天然色素添加剂，被广泛用于食品、保健品和化妆品等诸多行业，作为风味或保健营养成分的强化配料。抹茶在食品中的应用，赋予了各类食品天然的色泽和特有的茶叶风味，并以其特有的抗氧化性能，有效地防止食品氧化褐变，延长食品保存期。

（一）抹茶与普通绿茶的区别

抹茶是一种经过超微粉碎的绿茶粉末，但又不是一般的绿茶粉碎物。抹茶生产工艺的特殊性包含以下四个方面。

一是加工工艺的特殊性。抹茶生产工艺流程：

抹茶专用茶树品种 → 绿茶鲜叶原料采摘 → 蒸汽杀青 → 机械碾磨 → 超微粉碎 → 低温干燥 → 抹茶

工艺既有初制又有精制。

二是生产原料的高标准。要求茶叶原料"两高一低"，即原料茶叶的氨基酸含量和叶绿素含量要高，而原料中茶多酚的含量要低。

三是抹茶的生产对鲜叶原料的采摘时间、叶片大小都有要求。适宜抹茶生产的时间较短，只有 50d 左右，以每年 4 月、5 月出产的优质鲜叶作原料产出的抹茶质量最好。

四是最重要的一点，为保证鲜叶原料的鲜嫩和质量，在茶树栽培过程中不可缺少的工序是在特定时期以特殊材料覆盖遮阳，这种条件下生产的茶叶称作"覆下茶"。抹茶特色之一就是以覆下茶为原料加工而成。

（二）抹茶的研磨技术要素

研磨是抹茶精制加工的关键工序，也就是用研磨设备把碾茶研磨成细微的粉末。研磨的技术要素有4个方面：机械选择、转速调整、送料速度和温度控制。这4个方面的配合和协调非常关键。

1. 研磨机械的选择

传统抹茶是用天然石磨将充分干燥的蒸青茶在低温条件下磨成的细微粉末。强调用石磨研磨的原因是石磨的材质不易导热，能最大程度确保研磨温度恒定。用于制作抹茶的茶磨不同于磨面粉的石磨，对材质的要求要高得多，并且制作工艺复杂，而普通茶叶粉碎设备，如气流粉碎机和球磨机的高速运转和高温环境会使抹茶的色香味受损，影响产品质量。但在生产实践中，很多规模企业为了提高生产效率，都应用球磨机（图4-11）研磨。

图4-11　球磨机

2. 研磨速度和送料速度调整

抹茶生产要求茶磨转速慢，以石质茶磨为例，用60r/min的回旋速度，一台茶磨每小时只能生产约40g抹茶。因此，缓慢的研磨速度就决定了送料的速度同样要慢。使用石质茶磨研磨出的抹茶颗粒度在2~20μm（680~6800目），这种颗粒度级别可以有效破坏细胞壁释放叶绿素，使茶粉看起来更加鲜绿，且颗粒形状是不规则的撕裂状薄片，而普通绿茶粉的颗粒度要比抹茶大2~20倍。现有的任何机械粉碎方式加工的抹茶都难以达到石磨研磨抹茶颗粒的细微程度，这种特有的"不规则撕裂状薄片"结构可以确保抹茶颗粒在水中悬浮，冲泡摇匀后茶汤外观呈鲜绿色，即使经过久置也不容易沉淀。普通绿茶粉是粗糙的球状颗粒，在茶汤中容易沉淀。因此，从沉淀的难易程度也可以粗略判断某款产品是抹茶还是普通绿茶粉。

3. 研磨温度控制

研磨设备的高速运转会导致温度上升，进而破坏抹茶的活性，因此低温低湿的生产环境对抹茶生产来说十分重要。一般抹茶的研磨车间都配有专门的空调设备和除湿设备，确保生产车间保持恒定的冷凉干燥环境。

（三）抹茶精加工工艺

1. 叶梗分离

由于茶梗和叶脉部分水分含量高、叶绿素含量低，还有涩味，因此，经过初干工序的茶叶首先要进行叶梗分离。叶梗分离的原理是初干后的茶叶叶肉与叶梗的含水量不同，叶片容易压碎，而梗部因含水量为 55% 左右，韧性尚存不易折断。叶梗分离机主要结构是半圆筒形的金属网，里面的螺旋刀在旋转时将叶片从梗上剥离，剥离后的茶叶经过输送带进入高精度风选机进行叶梗分离。

2. 再干燥

叶梗分离之后，因其含水量不同，需要进入不同的干燥机分别进行干燥。一般来说，以 60℃ 的热风干燥 10min 左右，即可制成粗制碾茶。粗制碾茶再次经过风选机除掉黄片，然后经过切断机切成 0.3～0.5cm 的碎片，这时的产品就是抹茶加工的蒸青毛茶。

3. 切茶

用螺旋切茶机将烘干的蒸青茶切碎，首先要把放凉后的茶叶，通过切碎机的提料口倒入，随着机器的运转，切碎的蒸清茶头和蒸青茶沫，会分别从 4 个口流出。茶头要经二次切碎，才能达到下道工序加工物料的要求。

4. 研磨

开动机器，将切好的沫茶从进料口加入，进入粉碎机组件，调节碾轮与碾轮之间的压紧力度。通过主电机带动中间轴，从而带动碾轮支架上的碾轮在另一个碾轮上旋转，在 19℃ 的恒温中，以 160r/min 的速度，瞬间碾碎机锅内的物料。

碾碎的细微粉粒，在抽风机内经过叶轮加速增压，并在分离器内沿筒壁不断做旋转运动而逐步减速，稍粗的粉粒在重力作用下，落入一级回收袋内，最细的分粒上浮，在阻粉透气袋的作用下，落入二级回收袋内。关掉电源，抖动阻粉透气袋，使粉粒落下，分别把一级回收袋和二级回收袋内的粉粒装在备好的框中。需要说明的是，一级回收袋内的粉粒还要经过二次研磨，二级回收袋内的粉粒就是抹茶了。

另外，还可以根据对抹茶细度的要求不同，筛出更细的抹茶粉粒。首先把加工好的抹茶通过石磨的入口倒进去，盖上盖子。在石磨上，装有不同细度的筛网，通过振动筛网自动旋转，会筛出更细的粉粒，作为抹茶的特极品。筛出细颗粒会流到备好的框中，把袋口扎上，就可以送入包装车间进行包装了。

5. 包装和贮藏

茶叶的包装要在干净、卫生整洁的环境下进行。并且包装间每天要进行紫外线消毒 12h。抹茶叶虽是一种耐贮性的食品，但由于抹茶的颗粒度达到了超微级别，极易吸水和氧化，因此，抹茶产品本身非常脆弱，贮存必须存放在低温、干燥、空气流通、环境清洁、避免日照的场所。库温应在 12℃左右，相对湿度不超过 70%~75% 为宜。所以，抹茶产品一般不宜高温烘焙使用，一般都是应用于冷饮领域。

第五章 茶叶再加工技术

再加工茶是以六大基本茶类为原料，采用一定的方法进行再次加工而成的茶叶，主要包括花茶、紧压茶等。很多的低档茶和下脚料、茶废弃物没有直接的市场出路，而其中又有大量可以利用的资源，对它们进行再加工就可以充分利用这些资源来为人类造福，而企业也从中获得经济利益，同时也丰富市场产品，开辟茶新的功能，充分利用茶叶资源。

根据不同的分类标准，再加工茶可以有以下分类：

（1）窨制花茶　按花材分为茉莉花茶、桂花茶、珠兰花茶；

（2）紧压茶　按外形可分为如沱茶、砖茶、饼茶；

（3）代用茶　代用茶是"非茶之茶"，利用一些对人的身体有益的植物，按照制茶工艺进行加工的"茶"。按植物名称分为杜仲茶、绞股蓝茶、苦丁茶、老鹰茶等。

第一节　花茶加工技术

一、花茶概述

（一）花茶的概念

花茶，又名香片，即将植物的花或叶或其果实泡制而成的茶，是中国特有的一类再加工茶。其利用茶叶具有很强吸附性的特点，将有香味的鲜花和茶叶一起窨制，茶将鲜花的香味吸收后再把干花筛除，制成的花茶香味浓郁，茶汤色深。

花茶是集茶味与花香于一体，茶引花香、花增茶味，相得益彰。既保持了浓郁爽口的茶味，又有鲜灵芬芳的花香。冲泡品吸，花香袭人，甘芳满口，令人心旷神怡。花茶不仅仍有茶的功效，而且花香也具有良好的药理作用，裨益人体健康，具有排出宿便、调节肠胃循环、排毒等功效。

随着现代人对健康养生的重视程度不断提高，花茶作为美容养颜和健康瘦身的保健类茶，越来越受消费者的青睐，花茶的市场消费量也逐年提高。

（二）花茶的分类

常见的花茶一般是用茉莉花制得的茉莉花茶。根据所用的香花品种不同，可以划分为茉莉花茶、玉兰花茶、桂花茶、珠兰花茶、玫瑰花茶、玳玳花茶等，其中以茉莉花茶产量最大。

普通花茶大部分用绿茶制作，也有用红茶和其他茶类制作的。除了上述茶配花外，现今市场还把单纯的干花、干花蕾制成的饮品称花草茶。流行的有玫瑰花茶、勿忘我花茶、金盏花茶、百合花茶等。

（三）花茶的产区

花茶是我国特有的茶叶品种，深受我国北方地区和西南地区消费者的欢迎。在我国茶叶商品分类上，花茶被列为主要的茶类，其销量位列各大茶类的第四位。

我国年产花茶稳定在 11 万~12 万吨。主产区为福建、浙江、安徽、江苏等省，湖北、湖南、四川、广西、广东、贵州等省、自治区也有发展，而非产茶的北京、天津等地也从产茶区采进大量花茶毛坯，在花香旺季进行窨制加工，其产量在逐年增加。

近年来，广西南宁市横州区把茉莉花作为支柱产业，茉莉花茶产量占中国的 80%，世界的 60%，享有"中国茉莉之乡""世界茉莉花和茉莉花茶生产中心"的美誉。

二、茉莉花茶加工技术

花茶的窨制是利用鲜花吐香和茶坯吸香，这样一吐一吸形成特有品质特征。茶坯在吸附了茶香增盖香味的同时，改变汤色，减轻涩味，使茶与花的香味结合调和，香味鲜灵可口、滋味醇和，从而提高茶叶的品质。

（一）茉莉花茶的窨制原理

窨制过程主要是茉莉鲜花吐香和绿茶茶坯吸香的过程。茉莉鲜花的吐香是生物化学变化，成熟的茉莉花苞在酶、温度、水分、氧气等的作用下，分解出芳香物质，随着生理变化、花的开放，不断地吐出香气来。绿茶茶坯吸香是在物理吸附作用下，随着吸香同时也吸收大量水分，由于水的渗透作用，发生了化学吸附，同时在湿热作用下，进行复杂的化学变化，在一吐一吸的吸附过程中，发生了一系列较为复杂的理化变化。

（二）茉莉花茶的窨制工艺流程

$\boxed{茶坯处理} \rightarrow \boxed{鲜花养护} \rightarrow \boxed{玉兰花打底} \rightarrow \boxed{窨花拼和} \rightarrow \boxed{堆窨} \rightarrow \boxed{通花} \rightarrow \boxed{起花} \rightarrow$
$\boxed{烘焙干燥} \rightarrow \boxed{压花转窨} \rightarrow \boxed{提花} \rightarrow \boxed{匀堆} \rightarrow \boxed{装箱}$

茉莉花茶干茶如图5-1所示。

图5-1 茉莉花茶干茶

（三）茉莉花茶窨制步骤

1. 茶坯

准备窨制茉莉花茶的茶坯，是用绿茶按照花茶茶坯等级标准样精制拼配而成。

（1）茶坯干燥 窨制茉莉花茶的茶坯一般要经过干燥处理。目的是让高档茶茶坯散失水闷气、陈味；中低档茶茶坯降低粗老味、陈味等，从而显露出正常绿茶香味，有利于茉莉花茶的鲜灵度的提高。烘干机温度一般不宜太高，高档茶坯在70~90℃，中低档茶坯可在110~120℃。传统工艺要求烘干后茶坯水分在4.0%~4.5%，不能用高火烘，容易产生火焦味，影响茉莉花茶品质。

（2）冷却 茶坯复火后一般堆温较高，在60~80℃，必须通过摊凉、冷却，待茶叶温度降至室温时才开始窨制，如茶坯温度持续过高或过低时进行窨制，会影响茉莉鲜花生机及吐香，降低茉莉花品质；如茶坯温度适宜，在窨制拼和后，可以使堆温缓慢上升，相对延长拼和时间，有利于茉莉鲜花吐香和茶坯吸香，提高茉莉花茶质量。

2. 玉兰鲜花打底

打底目的在于用鲜玉兰花调香，提高茉莉花茶香味的浓度，衬托花香的鲜灵度。打底方法如下：

①在窨制前，先用玉兰鲜花（一般比例为1：100，茶坯100kg、玉兰鲜花1kg）与茶坯先拼和打底。

②在窨制时，同时拼入玉兰鲜花，用量适度，多了容易引起透兰。

③在提花时，用少量玉兰鲜花与茉莉鲜花拼和在一起进行提花（用量0.3%~0.5%）。

3. 鲜花养护

茉莉鲜花具有晚间开放吐香的特点，一般在当天下午14：00时以后采摘当天花，花蕾洁白饱满、香气足。采收后，装运时不能紧压，用通气的编织袋装好，切忌用塑料袋，容易挤压、不通气，造成"火烧花"。

（1）鲜花摊凉　茉莉鲜花进茶厂后及时验收过磅，按级分堆、摊凉。茉莉鲜花在运送过程中由于装压时紧压，呼吸作用产生的热量不易散发，使花温升高，一般都在38℃以上，高的超过40℃。因此必须迅速摊凉，使其散热降温，恢复生机，促进开放吐香。摊凉场地必须通风干净，摊凉时花堆要薄，一般在10cm以下。气温高时，可用轻型风扇吹风；雨水季节采摘的茉莉鲜花，更要薄摊，吹风，蒸发花表面水分，待表面干后，才能堆积养护。

（2）鲜花养护　鲜花养护的目的是控制花堆中的温度，使鲜花生机旺盛，促进吐香。茉莉鲜花开放适宜温度在32~37℃，当气温低于30℃，必须把花堆高升温。当堆温达38℃以上，就要把花堆扒开，薄摊降温，增加氧气促进鲜花开放。气温高时要薄摊、翻动、通气，防止堆温过高而使鲜花变质，一般堆高15~20cm。在春季、秋季，气温低，一般堆高30~40cm，需用布盖住，提升堆温，促使鲜花开放。

（3）筛花　茉莉鲜花开放率在60%左右时，即可筛花，筛花的目的既是分花大小，剔除青蕾花蒂，又能通过机械振动，促进鲜花开放吐气。鲜花筛后应按级别过磅分号堆放，若开放度不够应继续养护。

鲜花的使用：一号花用于提花、转窨和高级茶坯头窨；二号花用于头窨。若有一、二号花用于同批茶时，则先用一号，后用二号，不得混用，要分开窨。

4. 窨花拼和

窨花时，茶坯与鲜花拌和应有一定比例，称为配花量。花量过多，不能使茶坯全部吸收，造成浪费；花量过少，花茶香气不浓，降低产品质量。在理论上认为，配花量应逐窨增加，否则窨量达不到，前窨起不到效果，但在生产实际中应掌握头窨吃实、逐窨减少、轻花多窨的原则，就能达到底花足，香气长的目的。否则，影响花茶品质。所以配花量在总量不变的前提下，逐窨减少比逐窨增多的香气质量好。

窨制后湿坯的水分应与配花量成正比。一般湿坯含水量不能超过16%，否则，茶叶吸水过多，条形面软变松，容易产生劣变。在生产上防止水分增加过多，采取逐窨缩短时间来减少不必需水分增长，保持产品香气的浓度和鲜灵度。

窨花拼和是整个茉莉花茶窨制过程的重点工序，目的是利用茉莉鲜花和茶坯拌和在一起，让鲜花吐香直接被茶坯所吸收。窨花拼和要控制好六个因素：配花量、鲜花开放度、温度、水分、厚度、时间。

5. 窖制

将茶坯总量 1/5～1/3 平摊在干净窖花场地上，厚度为 10～15cm，然后根据茶坯配比确定鲜花用量，同样分出 1/5～1/3 均匀地撒铺在茶坯面上，一层茶坯，一层鲜花，相间 3～5 层，再用铁耙从横断面由上至下扒开拌和，按箱窖、囤窖、块窖、堆窖方法进行窖制。

（1）箱窖 茶坯、鲜花拼和后，投放在木箱中窖花。适用于窖花量少或特种花茶。每箱窖茶量约 5kg，厚度 20～30cm。箱平放排列或交叉叠放，以利空气流通。

（2）囤窖 用高 40～60cm 竹廉围成圆圈把茶花拼和后堆放在圆圈内进行窖花，适用于中批量生产，囤直径 150～200cm，每囤窖茶量 200～300kg。

（3）块窖（或堆窖） 把茶、花拼和后直接堆放在地上成块状窖花。适用于大批量生产，堆成长方形，宽 1～1.2m，长根据场地和窖量而定，每堆 600～1000kg。

（4）堆窖 堆窖省工、迅速、方便，目前茉莉花茶窖制通常是采用堆窖。另外，在窖花的堆面都要以本批的茶坯薄薄地散布一层，厚度约 1cm，使鲜花不外露，以减少花香散失，称为盖面。

在自然条件和正常温度（32～37℃）下茉莉鲜花吐香持续时间一般可达 24h。鲜花与茶叶拼和窖制时，由于鲜花在茶坯中被压，正常呼吸作用受到一定阻碍，鲜花生机缩短，吐香持续时间一般在 12h 左右。茉莉鲜花开始吐香以后 5h 内为吐香旺盛期，此时，呼吸作用强度大，干物质损耗也多，芳香物质挥发猛烈，鲜花和茶坯一定要及时拼和、窖制，以免香气大量散失。

6. 通花散热

通花散热的目的：一是散热降温；二是通气给氧，促进鲜花恢复生机，继续吐香；三是散发堆中的二氧化碳和其他气体。根据在窖品堆温、水分和香花的生机状态来掌握通花时间，从窖花到通花时间，头窖为 5～6h，逐窖次缩短 30min。收堆时间主要视堆温下降并达到要求即可收堆。通花散热就是把在窖的茶堆扒开摊凉，从堆高 30～40cm，扒开薄摊到高度 10cm 左右，每隔 15min，翻拌一次，让茶堆充分散热，约 1h 堆温达到要求时，就收堆复窖，堆高约 30cm；再经过 5～6h，茶堆温度再次上升到 40℃ 左右，花已成萎凋状，色泽由白转微黄，嗅不到鲜香，即可起花。

茉莉花一般掌握在窖花后 4～5h 进行通花，这与茉莉花吐香规律一致。茉莉花吐香最强烈的时间是晚上 10：00～12：00，所以通花必须在 12：00 以后。通花 0.5～1h，坯温下降到 35～36℃ 时，就需收堆复窖，在较高的坯温下，继续促进香气的形成和发展。

注意事项：

（1）通花要适时　过早通花，茶味与花香味不调和，浓度就差，以后即再窨也很难改变，这种现象俗称"透花口"。通花过迟，茶坯吸香不清，俗称"香气糊涂"，不但没有鲜灵度，而且香气钝，甚至产生劣变气味。

（2）温度不超过临界点有助于花香的吸收　必须充分利用这段时间，使花香吃得透。根据长期生产实践经验，茉莉花通花时间，是从茶花拌和到通花，一般相隔4~5h，堆温在48~50℃，这时鲜花已基本开放。在这段时间内，茶坯吸收水分和香气约70%。通花收堆后，尚可吸收30%。所以通花要求通得透，但收摊温度不能太低，目的是使鲜花能继续吐香。

7. 起花

窨制时间达10~12h，鲜花将失去生机，茶坯吸收水分和香气到达一定程度时，立即进行起花。将茶坯和花渣分开，称为起花。起花顺序是"多窨次先起，低窨次后起，同窨次先高级茶，后低级茶"。如不能及时起花，在湿热作用下，花渣变黄熟呈现闷黄味、酒精味，影响茉莉花茶质量。若在短时间内来不及起花，必须将花堆扒开散热。

8. 烘焙干燥

烘焙的目的在于排除多余水分，同时保持适当的水分含量，以适应后续的转窨、提花或装箱。结合各窨次茶叶所要求的烘干水分逐窨次地增加，烘干时一般一连窨（一二窨）水分为5%、二连窨（三四窨）水分为6%，三连窨（五六窨）水分为6.5%，四连窨（七八窨）水分为6.5%~7%，逐窨增加。为了提高在窨茶叶的鲜灵度，最后两窨可采用不连窨的方法，如需六窨的茶，五窨、六窨分开单窨，需八窨的茶，七窨、八窨分开单窨。再窨品的烘焙，要求快速，又要最大限度防止花香散失，要合理控制烘焙温度和烘干后茶叶的水分含量。

9. 压花

压花是利用起花后的花渣再窨一次低档茶叶，目的在于充分利用花渣的余香，来压低低档茶的粗老味从而增加花香。压花要做到及时迅速，边起花边压花。提花的花渣仍具有洁白香气，吐香能力尚强，可压中档茶叶，其余正常花渣压低档茶，但腐熟变黄、臭的花渣不能用来压花。

（1）花渣用量　100kg茶叶一般用40~50kg花渣，压一次可抵5kg的鲜花配花量。

（2）压花时间　时间掌握在4~5h，不宜过长，时间太长造成水闷味、酵味和其他异味，应及时起掉花渣，茶坯也必须及时烘焙。

10. 提花

提花的目的在于提高花茶的鲜灵度，操作同窨花。提花用朵大、洁白香气浓烈的一号花进行拌和堆窨，所需花量少（一般100kg茶叶用6~10kg花），窨花时间短（堆窨时间6~8h），堆温不高可不必进行通风。不能用雨水花。

茉莉花茶外形要求很高，不能够有任何非茶类夹杂物和梗、片、末、花蒂、花蕾、花片等，茶叶在多窨次窨制的过程中产生的非茶类夹杂物和片、末、花蒂、花蕾、花片等必须在提花前去除干净。可采用机械和人工捡剔的办法进行作业。要求茶叶外形匀整、洁净，不能有非本批茶叶的茶叶存在，以确保特种（高级）茉莉花茶的外形品质特征。

第二节　砖茶（蒸压茶）加工技术

砖茶又称蒸压茶，根据原料、制作工艺的不同可分为茯砖茶、方包茶、花砖茶、黑砖花等。

图5-2　茯砖茶

一、茯砖茶加工

茯砖茶（图5-2）砖形完整，松紧适度，黄褐显金花，香气纯正，滋味醇和，汤色红亮，叶底棕褐均匀，含梗20%左右。茯砖茶的精制主要包括毛茶整理、蒸茶筑砖、发花干燥。

1. 毛茶整理

毛茶整理工艺流程：

碎断 → 配料（毛庄茶84%，晒青毛茶5%，茶果外壳5%，簸片5%，茶末1%）→ 蒸茶 → 渥堆 → 拼配

2. 蒸茶筑砖

蒸茶筑砖工艺流程：

称茶 → 蒸茶 → 筑砖

3. 发花干燥

在茯砖上自然接种冠突散囊菌的有性孢子，由于冠突散囊菌在生长发育中产生多酚氧化酶、淀粉水解酶，促进了茶叶中多酚类化合物氧化缩合以及糖的水解，使茶叶中没食子儿茶素、没食子酸酯氧化为茶红素及茶黄素等物质，淀粉转化为葡萄糖、果糖，从而形成红黄明亮的汤色。在发花过程中，产生的金黄色的有性孢子（金花）越多，则茶叶品质越好。研究表明，发花最适温度为25~28℃，相对湿度75%~85%，含水量25%~30%。

二、 方包茶加工

方包茶是将茶叶筑制在长 68cm、高 50cm、厚 32cm 的篾包中。每包重 70kg，一个茶包就是一个大型茶块。加工过程如下：

1. 原料处理

割取一二年生茶树枝叶晒干，拣除非茶类杂物和粗老梗、败坏叶即成。

2. 铡茶

方包茶的原料梗长 2~3d，要铡成长不超过 3cm 的短节，梗子直径不能超过 0.8cm。

3. 筛选

将铡后的茶用孔径 2.7cm 的筛子筛分，筛下茶叶（果子）。再将果子用孔径 0.15cm 筛子割脚。筛面通过拣除长梗、粗老梗、杂质后，即为面茶。果子和面茶分别堆放。

4. 配料

制作方包茶的配料，梗子约占 60%，叶子约占 40%。

5. 蒸制

（1）蒸压沤堆　将 60% 的蒸料装入蒸桶，通入温度 100~110℃ 的蒸汽。蒸 6~7min，使茶坯变软。蒸后茶坯含水量达 22%~24% 后盖料不蒸。在竹篾上铺 3cm 厚的盖料，将蒸料铺上，然后再一层盖料一层蒸料，层层踩紧，堆至一定高度。沤堆 1~2d，待叶色变为油褐色，具有老茶香气为适度。

（2）称茶炒茶　堆沤后的茶叶要经炒茶，以便趁热筑色。每炒三锅筑一包，每包 35kg。称好的茶坯倒入锅内，并加入 0.5~0.75kg 的沸茶汁，以使茶叶梗变软，减少焦味，迅速用木权翻炒。至锅中发生浓厚的白烟味，即可出锅筑色。历时 1~3min。出锅叶温要求在 90℃ 以上，炒坯含水量 22% 左右。

（3）筑包　将篾包装入木模内，将三锅炒坯叶冲紧装包，包口封固钉牢，刷上标记。

（4）烧包　将出模的茶包，重叠起码，紧密靠拢，进行烧包（俗称发小汗），堆码高度一般不超过 6 包，烧包时间夏天一般为 3~4d，冬天 4~5d，烧包 2d 后，将上面一层包翻面，以求烧包均匀。

（5）晾包　烧包完成后进行晾包，俗称"发大汗"，这是一个自然干燥的过程。选择通风良好的场所，将茶堆成"品"字形，包与包之间须有 5~8cm 间隙，高度不超过 8 包。经 20~30d，茶坯水分含量 16%~20%，干燥即达适度。

图 5-3　花砖茶

三、 花茶（千两茶）加工

花砖茶（图 5-3）的名称由来，一是由卷形改砖形，二是砖面四边有花纹，以示与其他砖茶的区别，故名花砖。花砖历史上称花卷，因一卷茶净重合老秤 1000 两（1 两 = 50g），故又称千两茶。

花砖茶以黑毛茶三级为加工原料，主要加工过程如下：

毛茶拼配 → 原料筛制 → 净茶拼配 → 称茶 → 蒸茶 → 预压和压制 → 退转、修砖、检砖 → 干燥 → 包装

四、 黑砖茶加工

黑砖茶（图 5-4）每块重 2kg，呈长方砖块形，长 35cm，宽 18.5cm，厚 3.5cm，砖面平整光滑，棱角分明。

图 5-4　黑砖茶

原料以黑毛茶三级为主，拼入部分四级。主要加工过程如下：

毛茶拼配 → 原料筛制 → 净茶拼配 → 称茶 → 蒸茶 → 预压和压制 → 退转、修砖、检砖 → 干燥 → 包装

第三节　代用茶加工技术

代用茶是指选用可食用植物的叶、花、果、根茎等，采用类似茶叶的饮用方式的"非茶之茶"。

一、贵州老鹰茶加工

老鹰茶采用豹皮樟（*Litsea coreana* var. lanuginosa）的嫩枝和嫩叶为原料，经现代制茶工艺精制而成（图5-5）。豹皮樟，属樟科，木姜子属，分布广泛，存活能力强，易于栽培。

（一）产品特点

图5-5　老鹰茶

老鹰茶含多种人体必需氨基酸，营养成分较丰富，且富含矿物质元素，参与人体蛋白质，氨基酸和碳水化合物的代谢，对心血管具有保护作用，此外还有黄酮，多酚等成分。其主要化学成分中不含咖啡因，无兴奋作用，不影响睡眠。另外，药理学研究表明从老鹰茶中提取的有效部位总黄酮还具有明显的降糖、调脂以及免疫调节作用，对人体有一定的保健作用。

老鹰茶全芽披毫，芽头饱满均整，游离氨基酸和可溶性糖含量较高。干茶色泽棕红，形态圆浑肥大、壮实；汤色黄亮，滋味醇和爽口、回甜、樟香浓郁。

（二）老鹰茶加工技术

1. 鲜叶采收

鲜叶采摘于3月至6月，采摘单芽至一芽三叶。严禁采摘雨水露水芽叶、紫色芽叶、病虫芽叶。

2. 制作工艺

老鹰茶加工工艺流程：

鲜叶→ 分选 → 萎凋 → 杀青 → 揉捻（不揉捻）→ 烘干 → 精选 → 包装

加工技术要求如下：

（1）萎凋　萎凋摊放厚度为3~5cm，摊放时间4~8h，通风过程中要注意散热，防止机械损伤及发热红变。

（2）杀青　杀青温度控制在120~150℃，杀青时间1~2min，至含水量55%~65%。

（3）烘干　烘干温度控制在110~130℃，时间40~50min，最终成品水分控制在8%以内。

二、杜仲茶加工

（一）杜仲简介

杜仲（图5-6）主产于陕西、贵州等省，近年来浙江也有引种。杜仲又名丝连皮、扯丝皮、丝棉皮、玉丝皮、思仲等，属落叶乔木。杜仲是我国特有稀少树种，经济价值很高，被列为国家二级保护树种。杜仲叶面呈椭圆形或卵圆形，长7~15cm，宽3.5~7cm，表面黄绿色或黄褐色，微有光泽；先端渐尖，基部圆形成广楔形，边缘有锯齿，具短叶柄；质脆，搓之易碎，折断面有少量银白色橡胶丝相连，味微苦。杜仲是多年生乔木，从开始种植剥取杜仲皮一般需10年，采收皮时，先把树砍倒再剥皮，树的基部又发出新芽，经培育后成为新株。

杜仲皮和叶的主要成分，经分析含有相同的物质，叶的水浸出物约占干物质总量的40%，相当于茶叶的水浸出物总量，它含有绿原酸、桃叶珊瑚苷、松酯醇二葡萄糖苷、维生素C等成分。杜仲茶是以植物杜仲的叶为原料，经传统茶叶加工及中药饮片加工方法制作而成的健康饮品，口味微苦而回甜上口。常饮有益健康，无任何副作用，饮用方便。

杜仲茶一般在杜仲叶初长成、生长最旺盛时、花蕾将开放时，或在花盛开而果实种子尚未成熟时采收，其中嫩芽杜仲茶品质最高。

图5-6　杜仲树

（二）杜仲叶的采摘

根据中国农业科学院茶叶研究所调查，采摘杜仲叶最好在6月上旬至10月中旬，延至霜降后采摘，叶太老，有效成分下降，几乎失去药理作用，过早采摘又会影响杜仲树的生长。

比较合理的采摘方法：留顶叶，不采底层老叶，采中段落叶。如果采叶不剥皮的杜仲树，也可像无杆桑一样栽培，使它多生侧枝，多长叶，分批多次采收嫩叶。杜仲秋鲜叶比茶鲜叶硬而大，呈卵圆形，15cm×10cm 左右，梗较长，除幼叶外，不易做成具有茶叶样的条索。

（三）制作工艺简述

杜仲鲜叶呈绿色，叶子经揉捻后再放置数小时，色泽会由绿逐渐变为猪肝色，这是因为它含水量有酚类物质。按红茶做法，形成红茶色泽，证明内含有多酚氧化酶；按绿茶制法，干叶呈绿色。因此，杜仲叶可制成红茶型和绿茶型杜仲。

第六章　贵州地方特色茶加工技术

第一节　卷曲形绿茶

一、都匀毛尖

都匀毛尖（图6-1），又称鱼钩茶、白毛尖、细毛尖、雀舌茶，是中国十大名茶之一，属于贵州名优绿茶。

图6-1　都匀毛尖

都匀毛尖主要产地在团山、哨脚、大槽一带，这里山谷起伏，海拔千米，峡谷溪流，林木苍郁，云雾笼罩，冬无严寒，夏无酷暑，四季宜人，年平均气温为16℃，年平均降水量多于1400mm。加之土层深厚，土壤疏松湿润，土质是酸性或微酸性，内含大量的铁质和磷酸盐，这些特殊的自然条件不仅适宜茶树的生长，还造就了都匀毛尖的独特风格。

有着中国世博十大名茶之美称的都匀毛尖在很长时间以来一直处于"养在深闺人未识"的状况。为改变这一现状，都匀市大力挖掘和培育都匀毛尖品牌优势，把茶叶种植作为调整农业产业结构和农民增收的突破口，紧紧围绕"强品牌、扩规模、造影响、拓市场、创效益"的发展思路，抓好统一品牌、统一包装、统一质量、统一宣传、统一价格、统一店型这"六个统一"标准化体系建设，强力打造都匀毛尖茶这一特色优势产业，使沉寂多年的都匀毛尖茶产业重新焕发巨大的生机和活力，实现经济效益、生态效益、社会效益的完美增长。

（一）加工工艺

1. 手工制作方法

手工制作工艺流程：

拣选和摊放 → 杀青 → 揉捻 → 搓团提毫

（1）拣选和摊放 采回的芽叶必须经过精心拣剔，剔除不符要求的鱼叶、叶片及杂质等物。摊放 1~2h，表面水蒸发干净即可炒制。

（2）杀青 锅温 120~140℃，投叶量 500~700g，以抖为主，抖闷结合，采用双手翻炒的手势。做到抖得散，翻得匀，杀得透。当叶质转软，清香透露，降低锅温进入揉捻工序。

（3）揉捻 揉时长、用力重，是都匀毛尖茶揉捻的特点，是形成毛尖茶味浓的因素之一。锅温保持 70℃左右，用单把揉的手法，将茶叶左右推揉成条，重力推揉，达到细胞破碎充分的目的，当达五成干时即转入搓团提毫工序。

（4）搓团提毫 锅温 50~60℃，将茶叶握在掌中合掌旋搓，搓成茶团，抖散炒干，反复数次至七成干度，改用双手捧茶，压搓茶条，边搓边炒，搓炒结合，搓至白毫竖起，茶叶八成至九成干时，降低锅温（50℃以下），将茶叶薄摊锅中炒至足干。炒干时做轻巧翻炒动作，使茶叶里外干度一致，增进香气。

2. 机械加工方法

机械加工工艺流程：

筛分 → 摊放 → 杀青 → 揉捻 → 解块 → 理条 → 初烘 → 摊凉 → 复烘

（1）筛分 将采摘的鲜叶按不同的品种、等级、采摘时间进行分类分等，剔除异物，分别摊放。

（2）摊放 将筛选后的鲜叶，依次摊在室内通风、洁净的竹编簸箕篮上，厚度宜 5~10cm，雨水叶或含水量高的鲜叶宜薄摊，晴天叶或中午、下午采用的鲜叶宜厚摊，每隔 1h 左右轻翻一次，室内温度在 25℃以下，防太阳光照射。摊放时间根据鲜叶级别控制在 2~6h 为宜，摊放待青气散失，叶质变软，鲜叶失水量 10%左右时便可付制，当天的鲜叶应当天制作完毕。

（3）杀青 机械杀青宜采用适制名优绿茶的滚筒杀青机，使用时，点燃炉火后即需开机启动，使转筒均匀受热，待筒内有少量火星跳动即可。开动输送带送叶，根据温度指示进行投叶，不同等级的鲜叶或含水量不同的鲜叶要求温度不同，进叶口温度宜控制在 120~130℃，可通过杀青机输送带上的匀叶器来控制投叶量，从鲜叶投入至出叶 1.5~2min。杀青叶含水量控制在 60%左右，杀青适度的标志是叶色暗绿，手捏叶质柔软，略有黏性，紧握成团，略有弹性，青气消失，略带茶香。

（4）揉捻　机械揉捻宜使用适制名优绿茶的揉捻机，杀青叶适当摊凉，宜冷揉。投叶量视原料的嫩度及机型而定。揉捻时间高档茶控制在 10～15min，中低档茶控制在 20～25min。根据叶质老嫩适当加压，应达到揉捻叶表面粘有茶汁，用手握后有黏湿的感觉。

（5）解块　机械解块宜使用适制名优绿茶的茶叶解块机，将揉捻成块的叶团解散。

（6）理条　机械设备宜使用适制名优条形绿茶的理条机，理条时间不宜过长，温度控制在 90～100℃，投叶量不宜过多，以投叶量 0.5～0.75kg、时间 5min 左右为宜。

（7）初烘　机械设备宜使用适制名优绿茶的网带式或链板式连续烘干机，根据茶叶品质，初烘温度进风口宜控制在 120～130℃，时间 10～15min，含水量在 15%～20%为宜。

（8）摊凉　将初烘后的茶叶，置于室内摊凉 4h 以上。

（9）复烘　复烘仍在烘干机中进行，温度以 90～100℃为宜，含水量在 6%以下。

（二）品质特征

都匀毛尖茶外形卷曲似螺形，白毫特多，色泽绿润，选用当地的苔茶良种，具有发芽早、芽叶肥壮、茸毛多、持嫩性强的特性，内含成分丰富。都匀毛尖"三绿透黄色"的特色，即干茶色泽绿中带黄，汤色绿中透黄，叶底绿中显黄。成品都匀毛尖色泽翠绿、外形匀整、白毫显露、条索卷曲，香气清嫩、滋味鲜浓、回味甘甜、汤色清澈、叶底明亮、芽头肥壮。

（三）执行标准

按照 DB52/T 433—2015《都匀毛尖茶》执行。

二、安顺瀑布毛峰

安顺瀑布毛峰（图 6-2）又名黄果树毛峰，是贵州省安顺市特产、国家地理标志农产品、贵州省五大名茶之一。黄果树毛峰产区地处安顺市西秀区生态茶区，四周群山环绕，青峰入云，岗峦起伏，场内茂林苍翠，平均海拔 1365m。茶树品种优良，多生

图 6-2　安顺瀑布毛峰

长在缓坡山顶之中，土壤肥厚，日照时间短，终年多云雾，相对湿度大，气温调匀且昼夜温差大，雨量充沛，对茶树的生长、茶芽萌育及茶叶有益物质的形成与累积均有利。黄果树毛峰条索紧细卷曲，茸毛显露，外形银绿隐翠；汤色嫩绿明亮，滋味鲜醇爽口，叶底匀齐幼嫩，尤其具有耐泡的特点。

（一）产区环境

安顺瀑布毛峰的主要产茶区位于东经 105°13′~106°34′，北纬 25°21′~26°38′，平均海拔位于 1100~1600m，年平均降雨量在 1250~1400mm，年平均气温为 13.2~15.0℃，年降雨日数 195d，无霜期平均在 270d，土壤 pH 在 4.5~6.0，森林覆盖率达 36%。整个区域属低纬度、高海拔、多云雾兼具的原生态茶区，也是茶叶品质优越的唯一因素之一。天然的地理、气候等优势条件使得茶树生长缓慢，因此新梢持嫩性强，茶叶有效成分相对含量较高，形成了矿物质含量多、氨酚比适宜的内在品质。

（二）加工工艺

安顺瀑布毛峰的原料采摘标准为一芽一二叶初展。每批采下鲜叶的嫩度、匀度、净度应基本一致。安顺瀑布毛峰茶工艺流程：

鲜叶摊放（芽叶拣剔）→ 杀青 → 摊凉 → 揉捻 → 做形 → 烘干 → 拣梗剔杂 → 包装

1. 鲜叶摊放

鲜叶进厂验收后分别按级别薄摊于干净的篾垫上，摊叶厚度不超过 5cm。摊放场所要求清洁卫生、阴凉通风。摊放时间一般为 3~4h，其间翻动 1~2 次，动作要轻，防止芽叶损伤。摊放程度一般以芽叶含水率 70% 左右为宜，此时青草气基本消失，清香或花果香开始显露。

2. 杀青

（1）杀青原则 嫩叶老杀，先高后低；抖闷结合，多抖少闷。

（2）杀青设备与方法 滚筒连续杀青机杀青，采用 6CST-40、6CST-50 型滚筒杀青机，杀青温度 140~160℃（筒内距筒壁 5cm 处的空气温度），投叶宜先多后少，以免因开始时筒壁温度过高而烙焦芽叶。杀青时间 35~55s，台时产量 40~60kg；采用 6CST-60、80 型滚筒杀青机，杀青温度 150~160℃，台时产量 60 型 80~100kg，80 型 160~180kg，杀青时间 60~90s。

（3）杀青程度 手握叶质柔软，梗折不断，叶子失去光泽，变为暗绿色，青草气散尽，清香气透出。杀青叶含水量 58%~60%。

3. 摊凉（回潮）

杀青叶经风选剔净冷却后，在篾垫上进行摊凉回潮，堆放厚度 30cm，时间

1~2h。

4. 揉捻

揉捻机可选用6CR-35型。揉捻方法：将已经摊凉回潮好的杀青叶放满揉捻机桶，盖机空揉5min，下压3cm，揉5min（连续3次），减压空揉2min。

5. 做形（搓团显毫）

采用6CH-901、6CH-941型碧螺春烘焙机，温度应控制在110~120℃。每烘焙斗内放入揉捻叶500~600g，双手翻动，待揉捻叶均匀受热后，手抓适量进行搓团，全部搓团后，按次序逐一解散，抖动散水，再反复搓团。一般搓团6~8次，后3次力度要轻，以免茶叶断碎。当手捻茶叶成末（含水率5%左右），每锅茶用时6~8min出锅。

6. 烘干（提香）

采用提香机，温度120~125℃，时间3~6min。

7. 拣梗剔杂

用人工摘除梗片、非茶类物质和不相符的茶叶，使纯净度达到95%以上，按级别不同分别包装出售。

（三）品质特征

安顺瀑布毛峰茶外形银绿隐翠、条索紧结卷曲、汤色黄绿明亮、滋味鲜爽甘醇、栗香馥郁持久、叶底匀齐鲜活。

（四）执行标准

按照DB52/T 1004—2015《安顺瀑布毛峰茶》、DB52/T 1005—2015《安顺瀑布毛峰茶加工技术规程》执行。

三、羊艾毛峰

羊艾毛峰（图6-3）属于绿茶类名茶，1960年研制成功，产于贵阳市西南远郊区的羊艾茶场。

图6-3 羊艾毛峰

羊艾毛峰的外形细嫩匀整，条索紧结卷曲，银毫满披，色泽翠绿油润；内质清香馥郁，汤色绿亮，滋味清纯鲜爽，叶底嫩绿匀亮。羊艾茶场技术精湛、设备先进。制作羊艾毛峰要求在每年3月中旬左右，选择幼嫩初展的一芽一叶（俗称叶包芽）为原料，通过机械杀青、揉捻和烘焙并辅助精致的手法以保峰、保毫、保绿。

羊艾毛峰加工技术讲究，做工要求精细。每年清明节前后，选采幼嫩初展的一芽一叶为原料，先薄摊簸箕内自然萎凋，待失水约15%后再进行加工。羊艾毛峰的手工加工工序分杀青、揉捻、初烘、足干等。杀青温度约140℃，杀到将要成熟时，温度下降到100~110℃，开始做青，用抓带手法掌握茶条，锅底茶尽量捞净。待炒至八成干时即起锅，趁热轻揉，动作要轻要慢，以保锋、保毫、保绿。揉好的茶条即可进行初干，温度为70℃。烘到九成干时，温度要降到60℃，低温慢烘，烘到足干。下烘后稍作摊放，然后进行拣剔，除去茶中杂物即可封包贮藏。羊艾毛峰的机械加工工序分摊青、杀青、揉捻、初烘做形、足干等。

第二节　扁形绿茶

一、湄潭翠芽

湄潭翠芽（图6-4）是贵州省遵义市特产、国家地理标志农产品，为贵州五大名茶之一。湄潭翠芽外形扁平光滑，形似葵花子，隐毫稀见，色泽绿翠，香气清芬悦鼻，粟香浓并伴有新鲜花香，滋味醇厚爽口，回味甘甜，汤色黄绿明亮，叶底嫩绿匀整。

（一）加工工艺

湄潭翠芽的炒制主要工艺有杀青、摊凉、二炒、摊凉、辉锅等五道工序，炒作手法多达十几种，根据鲜叶老嫩、含水量高低灵活变换。制作工艺讲究，既吸取了西湖龙井茶的炒制方法，又有其独特之处。

图6-4　湄潭翠芽

1. 采摘

湄潭翠芽于清明前后开采，以清明前茶的品质最佳。以手摘法为主，主要是打头采摘、留叶采摘、留鱼叶采摘几种采摘形式。采回的芽叶必须分级摊放在通风阴凉处，摊放厚度1~1.2kg/m²，失水量8%左右，一般历时3~5h。

2. 杀青

锅温105~125℃，投入200~300g摊放叶。特级、1级翠片杀青过程历时10~11min，2~3级翠片历时16~17min。杀青方法：用抖、带手势至叶质柔软。

降低锅温至70℃左右，采用搭、带、抖、拉、拓手势，边拉扣理条，边拓，并结合抖、带、搭手法。用力由轻到重，将芽叶拉直、搭平、拓紧。当杀青叶含水量达60%左右，茶香显露，茶条平伏，即可起锅。杀青叶摊放在双层白纸垫底的簸盘内摊凉散热，使水分重新分布均匀，便于二炒。摊晾时间50min左右。

3. 二炒

锅温60~70℃，投入300~400g摊凉叶。二炒方法：先用抓、抖、拓手势，当茶叶转软，有热手感时，换用拉、带、拓、推、磨手法，最后用推、磨为主的手势，将茶叶推直、磨光、磨平。当锅内发出沙沙响声，起锅摊凉。历时15~20min。经30~40min摊凉回潮，用簸扬去轻片，6孔筛割去碎末。

4. 辉锅

锅温50℃左右，投入250~300g二炒摊凉叶。辉锅方法：先采用抓、抖预势，后用拉、推、磨、压手势，将茶叶贴紧锅壁，往返摩擦，尽量将茶叶磨光压平。当茶叶将达足干时，动作应轻巧，轻抓、轻磨、轻推，使外形扁平光滑，茸毫隐藏稀见，含水量4%左右，手一触即断，一捻即为粉末，起锅摊凉。

（二）执行标准

按照 DB 52/T 478—2018《湄潭翠芽茶》、DB 52/T 1002—2015《湄潭翠芽茶加工技术规程》执行。

二、石阡苔茶

石阡苔茶（图6-5）为贵州省石阡县特产、国家地理标志农产品。据明万历年间《贵州通志》记载："石阡茶始于唐代，种茶、饮茶盛于明初。"石阡苔茶扁形绿茶，外形自然芽状、稍扁、有毫，绿润，匀整，汤色黄绿、明亮，清香，滋味鲜爽，叶底完整、嫩匀。石阡苔茶营养丰富，其中含茶多酚20%~26%，咖啡因4.5%~6.0%等。2015年2月10日，农业部批准对"石阡苔茶"实施国家农产品地理标志登记保护。

石阡县位于贵州省东北部，云贵高原向湘西丘陵过渡的梯级状大斜坡地带。东与江口、印江毗邻，西与凤冈相望，南与余庆、施秉接壤，北与思南临界。

图6-5　石阡苔茶

海拔最高 1870m、最低 390m，平均海拔 857m。属亚热带湿润季风气候区，年平均气温 16.8℃，年日照数平均 1233h，年平均降雨量 1121mm，无霜期 303d，兼具低纬度、高海拔、寡日照，最适合茶叶生产。自然土壤为黄壤、山地黄棕壤为主，充分满足石阡苔茶的生长需要。

（一）加工工艺

1. 萎凋

将采摘的茶青均匀薄摊于萎凋槽中，摊放厚度 3～5cm，摊放时间 2～10h，间隔 0.5～1h 翻动 1 次，并用手揉 1 次，使茶青含水率为 60%～75%，鲜叶呈萎蔫状。

2. 杀青

将萎凋好的茶青使用杀青机进行杀青，杀青温度为 150～220℃，时间为 3～5min，将第一次杀青好的茶叶室温冷却回潮，再进行第二次杀青，杀青温度为 120～150℃，时间为 2～3min，至叶色由绿色转为暗绿，叶质柔软，富有黏性，青草气消失，茶香显露时，杀青结束。

3. 摊凉

将杀青好的茶叶进行摊凉 0.5～1h，等完全冷却至室温再进行做形。

4. 理条做形

用扁形炒干机，将摊凉叶送入扁形炒干机预小槽内，炒干机温度设置为 110～120℃，转速为 80～100r/min，叶温升至 40℃时，加轻棒 2～3min 理条，起棒 1min 后，加重棒 1.5～2min，压扁成形。

5. 分步干燥

将做形完成的茶叶自动输送到干燥机中进行分步干燥，第一次干燥温度为 110～120℃，时间为 3～5min，第二次干燥温度为 120～130℃，时间为 1～2min，使得茶叶含水率为 7%～10%。

6. 筛分、风选

将干燥结束的茶叶自动输送至振动分筛槽，筛孔直径为 0.8～1cm，除去茶末，再用茶叶风选机除去剩余的茶末。

7. 拼配

将长短、粗细、轻重相近的级别茶均匀混合即得产品。

8. 微波干燥提香

对拼配好的茶叶使用微波干燥机进行提香干燥，使茶叶水分低于 5%。

9. 成品

对于成品进行包装。

（二）主要成分

根据贵州省农产品质量安全监督检验测试中心分析，石阡苔茶营养丰富，其中茶多酚 20%～26%，咖啡因 4.5%～6.0%，茶氨酸 2.0%～2.5%，谷氨酸 0.28%～0.40%，酪氨酸 0.05%～0.10%，精氨酸 0.18%～0.3%，天冬酰胺 0.5%～1.0%等。

（三）执行标准

按照 DB 52/T 532—2015《地理标志产品　石阡苔茶》执行。

三、梵净山翠峰茶

梵净山翠峰茶（图6-6），2005年获准国家农产品地理标志登记保护，为贵州省五大名茶之一。产品原料采自梵净山800～1300m海拔高度的福鼎大白茶群体品系茶园，境内受梵净山自然小气候的影响，年降雨量达800～1300mm，年平均气温16～18℃，年日照时间长达1200～1300h，无霜期近300d，常年出现多云间晴或阴天天气，雾多空气湿度大，土壤呈黄壤、黄棕壤、红壤，pH 4.5～6.5，土壤有机质含量丰富。产品具有"色泽嫩绿鲜润、匀整、洁净；清香持久，栗香显露；鲜醇爽口；汤色嫩绿、清澈；芽叶完整细嫩、匀齐、嫩绿明亮"的特点，赢得业内专家的一致好评和消费者的喜爱。

图6-6　梵净山翠峰茶

梵净山翠峰茶产自武陵山脉主峰——梵净山西麓的印江土家族苗族自治县辖区。梵净山1986年被联合国教科文组织纳为世界生物保护区网络成员，同年，被国务院批准为国家级自然保护区。

（一）栽培管理

（1）扦插育苗　选择当地茶树的优良枝条进行扦插育苗。

（2）栽培规格　采取双行双株或单株，单行双株，双行双株或单株。大行距1.0～1.2m，小行距0.4～0.5m，株距0.3～0.4m；单行双株行距1.0～1.2m，株距0.3～0.4m。

（3）施肥种类 以有机肥为主。

（4）茶树修剪 适时合理修剪。

（5）鲜叶采摘 鲜叶按标准适时分批进行采摘。

（二）加工工艺流程

鲜叶摊放 → 青锅理条 → 摊凉回潮 → 二炒整形 → 摊凉回潮 → 辉锅 → 冷却包装 →
入库冷藏保鲜

（三）品质特点

（1）感官品质 外形扁平直滑尖削；色泽嫩绿鲜润、匀整、洁净；香气清香持久，栗香显露；滋味鲜醇爽口；汤色嫩绿、清澈；叶底芽叶完整细嫩、匀齐、嫩绿明亮。

（2）理化指标 水分≤7.0%，总灰分≤6.0%，粗纤维≤14.5%，水浸出物≥36.0%，粉末茶≤1.0%，氨基酸3.5%~4.5%，茶多酚20%~30%。

（四）执行标准

按照 DB 52T 496—2011《梵净山翠峰茶》执行。

第三节 特色绿茶

一、绿宝石茶

绿宝石茶（图6-7）是贵州本土茶叶专家牟应书老先生2003年研制的创新茶品类。绿宝石茶的原料大胆采用一芽二三叶，避开独芽、一芽一叶制作绿茶的奢侈，采用贵州牟氏制茶工艺，并结合现代先进的自动化加工技术而成，呈盘花形状，颗粒紧实，犹如宝石，色泽绿润，故称为"绿宝石"，冲泡后茶叶自然舒展成朵，嫩绿鲜活，栗香浓郁，汤色黄绿明亮，滋味鲜爽醇厚，冲泡七次犹有茶香，享有"七泡好茶"的美誉。

图6-7 绿宝石茶

绿宝石茶外形紧结圆润，呈颗粒状，绿润显毫，芽叶完整，清香透栗香，滋味鲜醇回甘、浓而不涩，叶底完整鲜活，耐冲泡。

（一）加工工艺

加工工艺流程：

鲜叶抽检→摊青→杀青→回潮→揉捻→脱水→做形→烘干→提香

1. 鲜叶抽检

鲜叶采摘前，对鲜叶进行取样，检测农残及重金属含量是否达到标准。达标后，方可开采用于加工。

2. 摊青

采用自然萎凋和鼓风辅助的方式。进厂鲜叶必须通过摊青过程，使鲜叶发生一系列物理和化学变化，降低鲜叶中含水量，青草气散失，清香显露，氨基酸增加，提高水浸出物含量，叶绿素适度分解使叶色加深，叶脆度降低，叶片萎蔫，有利于提高绿宝石茶的外形和内质。

3. 杀青

采用80型连续滚筒杀青机（煤、电作为热源）作为杀青机械，杀青叶在滚筒内滚动加热时长1.2~1.5min，控制杀青叶在筒内温度不高于90℃；杀青后叶片含水量降低至55%左右，叶质稍变硬，边缘有爆点，手握略有扎手感；茶香凸显，色泽绿润。

4. 回潮

回潮为绿宝石茶加工工序中极为关键的一环，对后期做形有相当大的影响。杀青叶在摊凉后，迅速转移至竹匾，并用编织袋捂严实，进行回潮。回潮叶片堆放厚度40~50cm，时间约2h。回潮后叶片含水量上升，叶质回软。

5. 揉捻

使茶条卷紧，缩小体积，塑造外形，适当的揉压，使叶细胞扭曲变形，茶汁外溢，有利于提高茶叶色泽，增加耐泡程度和提高茶叶的鲜爽度等。采用65型揉捻机，转速35r/min，揉捻时间25min，压力要求为先轻压10min，再重压5min，最后轻压轻揉10min。揉捻后叶片应略成条，握之略有粘手感，抖即散。

6. 初烘（当地称脱水）

揉捻叶经手工解块之后，采用专门的绿宝石茶叶脱水机即热风滚筒烘干机对茶叶进行脱水处理，叶表温度维持在57~60℃，脱水时长约2min。脱水后叶片表面无明显水渍，叶质柔软，握之成团，无粘手感，松手即散。

7. 做形

利用50型双锅曲毫炒干机对脱水叶片进行做形。做形共分三次进行，具体方法与珠茶加工工艺接近，亦有"炒小锅、炒对锅、炒大锅"之分。

（1）炒小锅　这一阶段要求锅温不宜太高，维持在 120～170℃，炒板摆动幅度要大，炒板下沿最高可推进到距锅脐 25cm 处，茶叶抛得高，抖得散，热量散发快，使叶温始终保持在 45℃ 以下，以确保茶叶水分散失不会过快，而导致成形困难。炒小锅投叶量约 13kg，时间约 30min，炒完后叶片含水量 30% 左右，大部分的茶叶已被炒制成松散圆形。

（2）炒对锅　该步是茶叶成形的最关键步骤，大部分茶叶在这一阶段被炒制成圆形或近圆形。炒制时，两锅小锅叶并为一锅进行炒对锅，锅温控制在 120～140℃，炒板摆动幅度较炒小锅为小，下沿摆动区最高可推进到距锅脐 15～18cm 处，炒板频率应保证往返三次左右，使锅中加工叶翻转一次为佳，并使加工叶在锅中翻滚而不抛散，叶温控制在 50℃ 左右，炒制时间约 2h。炒制完成后茶叶含水量下降至 15% 左右，大部分已成圆形或近圆形，颗粒较紧结。

（3）炒大锅　炒大锅是做形的最后阶段，一般投叶量在 40kg 左右。炒大锅要求炒板摆幅小，下沿只能推进到锅脐附近，频率以往返五次使锅内加工叶翻转一次为适度。锅温维持在 100℃ 左右，叶温不高于 60℃，炒制时间约 30min，以促进茶叶中水分进一步散失。炒制成形后茶叶含水量约为 10%，外形圆紧，颗粒重实。

8. 烘干

用 20 型连续烘干机烘至足干，温度 100～130℃，时间 7min。叶含水量低于 7%，手捏即成粉末，茶香显现。

9. 提香

烘干叶摊凉 24h 后，使用 20 型连续烘干机提香，以进一步发展香气。温度 100～130℃，时间 7min。提香完成后，成茶颗粒圆紧重实，色泽绿润，茶香凸显。

（二）执行标准

按照 DB 52/T 998—2015《绿宝石　绿茶加工技术规程》、DB 52/T 997—2015《绿宝石　绿茶》执行。

二、遵义毛峰

遵义毛峰（图 6-8）产于遵义市湄潭县内，是中华人民共和国成立后创制的名茶。

遵义毛峰产地依山傍水，风景秀美。各种芳香植物，如桂花、香梨、柚子、紫薇等广泛种植在茶园周围的山坡上。整个茶园弥漫着浓郁的香气，湄江河蒸腾的水汽为茶树的生长提供了优越的自然环境，有利于茶叶优异品质的形成。

图6-8　遵义毛峰

遵义毛峰的主要特点是茶片紧细圆直、白毫显露、色泽翠绿油润、内质嫩香持久、汤色碧绿明净、滋味清醇爽口。

（一）加工工艺

毛峰茶采于清明前后 10~15 天。采摘标准分三个级别，特级茶采摘标准为一芽一叶初展或全展，芽叶长度 2~2.5cm；一级茶标准以一芽一叶为主，芽叶长度2.5~3.0cm；三级茶标准为一芽二叶，芽叶长度 3~3.5cm。鲜叶进厂后经 2~3h 摊凉后再行炒制。

毛峰茶炒制技术精巧。工艺的要点是"三保一高"，即一保色泽翠绿，二保茸毫显露且不离体，三保锋苗挺秀完整，一高就是香高持久。具体的工艺分杀青、揉捻、干燥三道工序。

1. 杀青

杀青锅温掌握先高后低的原则。当锅温 120~140℃ 时，投入 250~350g 摊放叶。待芽叶杀透杀匀，不生不熟，失水 35% 左右时。

2. 揉捻

起锅趁热揉捻，揉至茶叶基本成条，稍有粘手感即为适度。

3. 干燥

干燥是毛峰茶造形的关键工序，包括揉紧、搓圆、理直三个过程，达到蒸发水分、造形、提毫的目的。

锅温的控制，手势的灵活变换是确保成形提毫的重要技术措施。锅温先高后低，开始时锅温 80℃ 左右，随水分的丧失，做形用力的加重，锅温逐渐降低。茶叶干度五成左右，锅温 50℃ 左右是做型的最佳条件，抓紧这一有利时机，运用相应的手势，将茶叶理直、搓紧、搓圆。当茶条基本形成，有刺手感时，40℃ 左右的锅温，轻巧的翻动手势是显毫、保持芽叶挺秀完整、足干的技术要点。当茸毫显露，手捻茶叶即成粉末，起锅摊凉贮藏。

（二）执行标准

按照 T/ZYCX003—2020《遵义毛峰茶》执行。

三、雷山银球茶

雷山银球茶（图6-9）产于贵州雷山县著名的自然保护区——雷公山，采用海拔1400m以上的"清明茶"的一芽二叶，经过炒制加工后，精制为小球状，既美观漂亮，又清香耐泡。每颗"银球"直径18~20mm，重2.5g，冲茶时，一般使用1颗。其茶汤淡黄明亮，鲜爽回甜。银球茶产区土质疏松、土壤肥沃，常有云雾缭绕，漫射光多，雨量充沛，空气新鲜，茶叶内质好。

图6-9　雷山银球茶

（一）加工工艺

加工工艺流程：

摊青 → 杀青 → 揉捻 → 回炒 → 造形 → 烘干 → 提香

1. 摊青

鲜叶标准为采摘于贵州雷山县境内优良茶树品种的一芽一叶、一芽二叶。采摘来的鲜叶应及时摊青，摊青厚度3~5cm，自然摊青时间4~8h。

2. 杀青

杀青温度240~280℃，掌握"先高后低"的原则；杀青时间根据芽叶嫩度控制在2~4min。杀青叶出锅后，及时摊放在冷却工具自然冷却或机械冷却，回软后揉捻。

3. 揉捻

揉捻时间为全程25~35min。揉捻需充分破坏叶肉细胞，条索紧结，无断碎、无芽叶分离，有弹性。

4. 回炒

采用瓶式炒干机或电热烘干机回炒，温度视机型而定，掌握"先高后低"的原则。时间：5~8min。茶坯出锅后摊放在专用器具上，自然冷却。

5. 造形

人工拣去粗条片块，并用60目竹格筛（专用）筛去碎末茶。茶坯质量：称取3.7~4.1g茶坯量，以确保个体干质量2.5g（±0.2g）。造形：每颗茶球坯料经过搓、压、捏、挤、揉、整形，茶球圆紧，不松散、不开裂。

造形卫生要求：应符合GB 14881—2013《食品安全国家标准　食品生产通用卫生规范》、DB 52/T 630—2010《贵州茶叶加工场所基本条件》、DB 52/T

633—2010《贵州绿茶 大宗茶加工技术规范》的规定。造形前用消毒毛巾擦拭造形平台，每成形5~10颗用消毒毛巾擦拭一次。造形时用消毒器具对纯棉毛巾进行消毒处理，消毒用水应符合 GB 5749—2006《生活饮用水卫生标准》的要求。

6. 烘干

采用电热烘烤（焙）机等进行烘烤。温度 120~80℃，用"先高后低"方法进行。时间全程 2~3h。干燥程度：用手捏听到破碎清脆声，水分含量≤7.0%。

7. 提香

采用电热烘烤（焙）机等进行提香。温度：70~80℃。全程 1.0~1.5h。干燥程度：用手捏干茶球成碎状，水分含量≤5.0%。

（二）产品特点

雷山银球茶形状独特，呈球形，直径 18~20mm，色泽绿润，光亮露毫，显银灰色。内质香气清香，浓醇回甜，耐冲泡。

理化指标：水浸出物≥40.0%。含硒量高达 2.00~2.02μg/g，是一般茶叶平均含硒量的 15 倍。

（三）执行标准

按照 DB 52/T 713—2015《地理标志产品 雷山银球茶》、DB 52/T 1015—2015《地理标志产品 雷山银球茶加工技术规程》执行。

四、正安白茶

正安白茶（图 6-10）为地理标志保护产品，且仅在清明前后采摘，全年采摘期只有 20d 左右。一待气温回升，白化现象即告终止，所以正安白茶的产量极低，造成白茶异常珍贵，被誉为"绿茶瑰宝，茶中茅台"。

正安白茶产地位于贵州遵义市东北地带，属中亚热带季风性湿润气候。气候温和，四季分明，雨量充沛，无霜期长。特别是在农作物生产旺盛期正值高温多雨时节，热量和水分的有效性高，对农作物生长极为有利。由

图 6-10 正安白茶

于地势高差较大，立体农业气候明显，温凉、温和、温暖气候均兼有。但日照少，辐射弱，春秋多低温阴雨，盛夏多伏旱。

（一）加工工艺

加工工艺流程：

鲜叶→ 摊青 → 杀青 → 初烘 → 焙干

加工工艺要求如下：

（1）鲜叶采摘期　采摘期为一个月，采摘标准为一芽一叶初展至一芽二叶。

（2）摊青　鲜叶厚度5～10cm，摊青时间6～8h，鲜叶失水率达10%～15%，摊青过程中要轻翻一次。

（3）杀青　锅温控制在200～250℃。

（4）初烘　烘干温度130℃左右，料层厚0.5cm。

（5）焙干　温度控制在80～100℃，成品茶含水量≤6.5%。

（二）品质特征

正安白茶外形优美、完整匀齐，色泽黄绿相间、鲜香持久。其汤色明亮，高香馥郁、鲜爽醇厚、滋味鲜爽回甘，叶底嫩匀，明亮有光泽。

按形态类型可分为松针形正安白茶和扁形正安白茶，按级别可分为特级、一级、二级。经检测，正安白茶氨基酸含量高达9%以上，是普通绿茶的2～3倍，在人体不能合成的22种天然氨基酸中，正安白茶含11种，其中茶氨酸含量达3.62%、精氨酸含量达2.62%，两项就高达6.24%。

（三）执行标准

按照DB 52/T 835—2015《地理标志产品　正安白茶》、DB 52/T 1016—2015《地理标志产品　正安白茶加工技术规程》执行。

第四节　名优红茶

一、遵义红

遵义红（图6-11）是充分开发黔湄系列国家级无性系良种，在湄潭成功试制的黔红基础上不断改进工艺形成的名优工夫红茶产品，受到了消费者的青睐。遵义红外形紧结卷曲、匀净，内质色泽红艳、金毫显露，汤色红亮艳丽，香气果香浓烈、甜香高长，滋味鲜醇带有一定浓度、强度、鲜爽度，叶底明亮匀嫩、红亮。

图 6-11　特级遵义红干茶

（一）加工工艺

加工工艺流程：

鲜叶→ 萎凋 → 揉捻 → 发酵 → 干燥（做形）→ 提香

1. 萎凋

鲜叶厚度 3~8cm，时间为 14~16h。萎凋后青草气减退，叶色暗绿，叶形皱缩，叶质柔软，紧握成团，松手可缓慢松散。

2. 揉捻

揉捻后茶条紧卷，茶汁外溢，成条率达>90%。

3. 发酵

发酵叶厚度 8~12cm，叶温 26~33℃，时间为 3~5h。发酵后叶色红黄，青草气消失，出现花果香味。

4. 干燥

毛火温度为 110~120℃，烘至含水量<20%，及时摊凉；足火温度：100~110℃，烘至含水量<12%。

5. 提香

提香温度在 80~120℃，时间 15~30min，烘至含水量<6%。

（二）执行标准

按照 DB 52/T 1000—2018《遵义红　红茶》、DB 52/T 1001—2015《遵义红　红茶加工技术规程》、T/ZYCX 001.1—2018《遵义红　袋泡原料茶》、T/ZYCX 001.2—2018《遵义红　袋泡原料茶加工技术规程》执行。

二、普安红茶

普安红茶（图6-12）产地范围为贵州省普安县楼下镇、青山镇、新店镇、罗汉镇、地瓜镇、江西坡镇、高棉乡、龙吟镇、兴中镇、白沙乡、南湖街道、盘水街道12个乡镇街道现辖行政区域。普安县每年春茶开采时间大大早于国内绝大部分茶产区，全年可采摘时间也在10个月以上，具有得天独厚的"早茶"自然条件。

历史上普安红茶不叫普安红，而是称作福娘红茶，是采用清明时节幼嫩的

图6-12　普安红茶

一芽一叶经过特殊工艺加工而成。普安红茶品质优良，是用来招待贵客的珍品，有"时、技、意、韵、香"五大特点。

（一）工夫红茶加工工艺

1. 加工工艺流程

鲜叶→萎凋→揉捻→发酵→干燥

2. 工艺要求

萎凋时间14~16h，摊叶厚度3~8cm，含水率61%~63%，以叶色暗淡，手摸柔软，折而不断，不产生刺手叶尖为准；揉捻以茶条圆紧，黄绿，茶汁外溢，但手握紧不流汁，为揉捻合适，收汁；发酵4~6h，温度28~35℃，厚度8~12cm，以发酵均匀，叶色铜红，散发花香为发酵适度；干燥温度125~145℃，投叶均匀不叠层，12~15min，足火提香，90~110℃，30min。

（二）红碎茶加工工艺

1. 加工工艺流程

鲜叶→萎凋→揉切→发酵→干燥

2. 工艺要求

萎凋时间14~16h，摊叶厚度3~8cm，含水率60%~62%，以叶色暗淡，手摸柔软，折而不断，不产生刺手叶尖为准；揉切装叶量以自然装满进茶斗，颗粒紧卷为适度；发酵时间1.0~1.5h，温度保持在室温或约低于室温，厚度8~10cm，发酵室相对湿度≥95%，保持空气新鲜、流通，以发酵均匀、青草气消

失、叶色黄红、散发花香为发酵适度；干燥分毛火和足火。毛火含水量 18%~20%，颗粒收紧，有刺手感，足火含水量 4%~6%，用手指捏颗粒即成粉末。

（三）品质特征

普安红茶外形条索细紧多锋苗，匀齐、净，色泽红匀，明亮；香气鲜嫩持久；汤色红艳浓亮；滋味醇滑；叶底嫩匀红亮。

（四）执行标准

按照 DB 52/T 1162—2016《地理标志产品　普安红茶》执行。

第五节　其他特色茶

一、遵义老白茶

贵州没有制作白茶的历史，但随着贵州打造全茶产品链条的开发战略，各地借鉴福建白茶的生产经验，生产贵州原料的工艺白茶。遵义、安顺等地都开发了工艺白茶，以区别于贵州以安吉白茶品种为原料、绿茶工艺技术制作的贵州白茶。2020 年，遵义市茶叶流通行业协会制定了团体标准 T/ZYCX 004—2020《遵义老白茶》。

（一）遵义老白茶产品定义

遵义老白茶分类按照原料标准，结合加工工艺和生产实际，遵义老白茶分为紧压白茶、遵针、遵丹、遵寿。

1. 紧压白茶

紧压白茶（图 6-13）是以遵义市内适制白茶的茶树鲜叶为原料，按 GB/T 32743—2016《白茶加工技术规范》、GH/T 1242—2019《紧压白茶加工技术规范》加工而成，具有"醇爽回甘"的品质特征。

图 6-13　紧压白茶

2. 遵针

遵针以适制白茶的茶树品种的单芽为原料，按 GB/T 32743—2016《白茶加工技术规范》加工而成的白茶产品。

3. 遵丹

遵丹以适制白茶的茶树品种的一芽一二叶为原料，按 GB/T 32743—2016《白茶加工技术规范》加工而成的白茶产品。

4. 遵寿

遵寿以适制白茶的茶树品种的嫩梢或叶片为原料，按 GB/T 32743—2016《白茶加工技术规范》加工而成的白茶产品。

（二）产品要求

1. 原料（鲜叶）要求

遵针要求单芽；遵丹要求一芽一二叶；遵寿要求嫩梢及叶片。紧压白茶要求白毛茶。

2. 产品基本要求

各类白产品应具有相应的风味，品质正常，无异味、无异嗅、无劣变。不含非茶类夹杂物；不着色，不含添加剂。

3. 感官品质要求

遵义老白茶感官品质特征见表6-1。

表 6-1　　　　　　　　　　遵义老白茶感官品质特征

级别		外形	内质			
			香气	滋味	汤色	叶底
遵针		白毫满披、匀整、洁净	清香、毫香显	清甜、鲜爽	清澈明亮	软嫩、明亮
遵丹		毫心较显、叶张嫩、较匀整、较洁净、较润	略带清香、有毫香	较清甜、醇爽	浅黄尚亮	尚嫩、尚明亮
遵寿		叶态略卷、较匀整、较洁净、黄褐色	纯正	尚醇厚	浅黄	尚亮、叶张软
紧压白茶	特级	端正匀称、松紧适度、表面平整、无脱层、表里一致、色泽灰白、显毫	清纯、毫香显	甜醇	杏黄明亮	软嫩
	一级	端正匀称、松紧适度、表面较平整、无脱层、表里一致、色泽较润	纯正	醇	浅黄明亮	尚嫩
	二级	端正匀称、松紧适度、表面较平整、无脱层、表里一致、色泽黄褐	纯正	醇和	浅黄	尚匀

（三）加工工艺

加工工艺流程：

鲜叶→ 萎凋 → 拣剔 → 烘焙 → 毛茶 → 拣剔 → 复焙 →成品茶

1. 萎凋

（1）室内温度、湿度　采用自然萎凋工艺的春茶，萎凋温度 15~25℃，夏秋茶温度 25~35℃。加温萎凋室内温度 25~35℃。

（2）萎凋时间　正常气候的自然萎凋总历时 40~60h；加温萎凋总历时16~24h。

（3）含水量　萎凋终点时的萎凋叶含水量为 18%~26%。

（4）萎凋程度　萎凋芽叶毫色银白，叶色转变为灰绿或深绿；叶缘自然干缩或垂卷，芽尖、嫩梗呈"翘尾"状。

2. 拣剔

高档白茶应拣去腊叶、黄叶、红张叶、粗老叶及非茶类夹杂物；中档白茶应拣去腊叶、黄叶、粗老叶及非茶类夹杂物。

3. 烘焙

烘焙次数 2~3 次，温度 80~110℃，历时 10~20min。

4. 紧压白茶压制的加工工艺

紧压白茶压制工艺分为称茶、蒸茶、整形、压制、摊凉和烘干等工序。

（1）称茶　用蒸茶筒放在电子秤上称重，称取所需干茶净重。为保证成品净含量能达到标准，必须准确称料。在称料之前要先测定茶叶水分含量，然后再按下式计算出实际应称取干茶质量：

紧压白茶成品的净含量要求是 380g，成品的标准含水量是 6%，若测出压制前原料的含水率为 8%，在加工过程中茶叶的损耗量为 5g，则实际称茶量为 393.4g。

（2）蒸茶　蒸茶的目的是使茶叶变软，增强黏性，便于紧压成形。

（3）整形　压制茶砖时，将蒸茶筒中的茶叶直接导入模具中，撩拨均匀。

（4）压制　制动液压机，使它升起，放入待压的茶饼或茶砖，摆放在中央位置，制动液压机，使压杆下垂对茶饼加压，制成茶砖。

（5）摊凉　摊凉有助于紧压茶定形，最后烘干。

二、贵州生态黑茶

贵州生态黑茶（图 6-14）产自黄果树大瀑布之乡——安顺市镇宁县。这里冬无严寒，夏无酷暑，年平均气温 20℃，年降雨量超过 1000mm，有"天然温室"之美誉。

（一）加工工艺

"贵州生态黑茶"的制作工艺是在传统的茯砖制作的工艺上加以改进，利用贵州安顺市本地的生态有机鲜叶原料加工而成。其工艺流程如下：

图6-14　贵州生态黑茶

鲜叶 → 杀青 → 揉捻 → 渥堆 → 初干 → 色选 → 拼配 → 蒸软 → 二次渥堆 → 压制 → 足干发花

（1）鲜叶　采摘一芽二叶至未木质化的新梢。

（2）杀青　按照绿茶的杀青方法进行。

（3）揉捻　揉捻根据原料的嫩度不同，合理进行，将杀青叶揉成条，并有茶汁溢出为适宜。

（4）渥堆　在自然条件下将揉捻叶放入渥堆箱进行一系列化学变化。从而形成贵州生态黑茶特有的品质。

（5）初干　待渥堆叶品质形成后进行干燥。先用毛火120℃除去叶面水，再用足火80℃将茶叶足干，得到毛茶。

（6）色选　利用色选机将毛茶中的茶梗、黄叶、颗粒等杂质筛选去除，同时对毛茶进行分级。

（7）拼配　将不同等级的茶按照一定的比例混合在一起以稳定口感。

（8）蒸软　利用水蒸气将毛茶软化。这个过程重点注意蒸茶时间不宜过长，否则茶叶吸水过多易发生变质。

（9）二次渥堆　将软化的茶叶立即放入渥堆箱，利用茶自身的温度和湿度进行二次渥堆。重点注意二次渥堆的时间不宜过长，时间过长也会发生变质。

（10）压制　将二次渥堆叶还在软化的条件下立即进行压制定形。

（11）足干发花　将压制后的茶叶放入烘房（温度38℃左右）进行足干，在此过程中伴有"金花"（冠突散囊菌）的出现。

（二）品质特征

贵州生态黑茶砖形完整，松紧适度，红褐显金花，香气纯正，滋味醇和，汤色明亮。

（三）冲泡方法

根据砖茶的级别不同可采用紫砂壶泡法、煮茶法。

（四）执行标准

按照 Q/JPNCP 0001S—2019《过江龙黑茶》的企业标准执行。

三、坡柳娘娘茶

坡柳娘娘茶（金县贡茶）产自贵州省贞丰县龙场镇坡柳村，是历史较为悠久的古茶种之一。

坡柳娘娘茶原料取于生长在龙头大山清明前后的野生古茶树，千年长兴不衰、远离污染、天然纯净，山中有林、林中有树、树中有茶、低纬度、寡日照、常年云雾缭绕，土壤有机物质元素丰富，其内质厚质优、厚重、耐泡，尤以其"厚"味著称贵州十大茗茶之一。2013 年更是被贵州省生态茶博物馆收藏为珍品，此外还入围贞丰县非遗物质文化遗产保护产品。

一般在清明后开采，采摘长四五寸的一芽三四叶。采茶时必须在早上八九点钟采摘，然后用原始手工工艺制作，工艺复杂、成品茶外形酷似毛笔头，又名"文笔茶""状元笔茶"。从古至今，坡柳娘娘茶的加工一直延续这一古老而精湛的手工工艺，这不仅是对古代茶学工艺的历史传承，而且是对贡茶品质的保护和发扬。

坡柳娘娘茶的特点：体厚味醇、茶韵深远、清新怡人；新茶汤色金黄透亮、干净、入口淡雅回甘、微香迷人、即刻生津，饮之口爽心舒、回味悠远。

主要加工过程如下：

1. 杀青、揉捻

通过手工杀青、揉捻，形成茶条索后做形。

2. 整形捆茶

图 6-15　整形捆茶

整形捆茶是根据各种茶叶的特定要求，采取相应的工艺，改变芽叶的自然状态，炒制成精美的外形（图 6-15）。整形工艺主要有：理条、压扁、搓条、搓团、提毫、紧条、成圆、拍捺等，采用其中一种或几种工艺的组合，塑造出理想的外形。

3. 初烘成形

初烘（图 6-16）是指茶条在热作用下，进一步破坏残余酶的活性，蒸发部分水分，浓缩茶汁的过程。另外，茶条被加热后，其柔软性、黏结性和可塑性都有所增强，便于后序的成形工作。

图 6-16　初烘

4. 晾晒干燥定形

把初烘茶叶在太阳光下自然晒干（图 6-17），其间可再揉捻一次以使茶条紧结，晒青茶含水量≤10%。此步晒干最大程度地保留了茶叶中的有机质和活性物质，而晒干的茶叶表面细胞孔隙最大，有利于在发酵过程中产生大量热量。最后慢慢足干把含水量控制到7%左右，完成定形。

图 6-17　晾晒

第七章　茶叶质量与安全

2021 年出台实施的《贵州省茶产业发展条例》，在全国率先明确茶园禁止使用化学除草剂。在国家 62 种禁用农药的基础上，参照欧盟标准将其提高到 128 种，并提出 28 种出口企业慎用农药。2023 年 4 月，贵州省政府新闻办召开的新闻发布会提出，贵州省茶园和加工工厂的清洁化水平走在全国前列，在农业农村部和省级开展的茶叶质量风险监测中，贵州茶样农残和重金属合格率连续 11 年保持在 100%。

第一节　茶叶质量与安全概述

一、质量安全概念

茶叶质量安全是茶叶质量与饮用安全性的总称，也可定义为茶叶特性及满足消费要求的程度。

茶叶质量安全指长期正常饮用不会给人体带来危害。目前影响茶叶质量安全的主要因素有：农药残留、重金属、有害微生物、非法添加物、非茶异物以及标签六个方面。可归纳为化学性有害因素、生物性有害因素、人为故意因素和生理性因素四个类别。

（1）化学性有害因素　茶叶中的有害化学物质首先来源于农药、生长调节剂等正常或违规使用，导致茶叶中有害化学物质残留；其次是产地环境污染，如土壤、大气和水污染，导致茶叶中有毒有害元素和放射性物质残留；另外，还有茶叶加工、包装等不当引起的化学物质污染。

（2）生物性有害因素　茶叶生产环节多，如生产、加工、包装、贮藏、运输和销售等过程中都有被微生物污染的机会，如加工用具和包装材料被微生物污染，茶叶本身被微生物污染，从事生产加工的人员健康有问题等，都可能导致茶叶被病原微生物污染。

（3）人为故意因素 个别茶叶生产经营者，受经济利益的驱使，违规使用色素、香精、水泥和滑石粉等物质，导致茶叶中对人体有害成分增加。

（4）生理性因素 由于茶树的生理性原因造成茶树对某些化学物质的富集，导致对人体健康带来危害。如茶树是富氟植物，氟含量最高可超过1000mg/kg，若被人体摄入过多，将危害人体健康。

二、影响质量安全的相关因素

1. 重金属

重金属一般是指对生物有显著性毒性的元素（如铅、镉、铬、汞、铜、锌、锡、镍、锑、铊、钡等）。氟是非金属元素，由于其过量摄入会对人体造成食源性危害，通常也归在"重金属"类。

茶叶中重金属含量问题主要涉及铅、铜、氟以及稀土。

2. 有害微生物

有害微生物主要来源于加工过程中可能存在的污染，如茶叶干燥不够、保存不当引起的有害微生物污染，如大肠杆菌、沙门菌等肠道细菌。

3. 农药残留

农药残留指农业生产中施用农药后，一部分农药直接或间接残存于生物体、收获物以及土壤、水体、大气中的微量农药母体、有毒代谢物、降解物和杂质的现象。有直接的施用和母体残留以及间接的漂移和代谢物残留两种形式。

4. 其他影响因素

其他影响因素主要有四类：第一类为非法添加物，它是人为因素，如人为添加色素等；第二类为非茶异物，如磁性异物、珠茶的米粉、炭黑等；第三类是其他外源性污染物，如多环芳烃类、多氯联苯类等；第四类为标签，是指茶叶包装上的文字、图形、符号等一切说明物以及包装材料，包括产品标准、质量等级、名称、厂名厂址、生产日期、净含量、贮存要求等。

5. 农药安全间隔期

农药安全间隔期是指最后一次施药至收获、使用、消耗作物前的时期，自喷药后残留量降到最大允许残留量所需的时间。

在茶园施药后，最后一次喷药与茶叶采收之间必须大于安全间隔期，以保障茶叶质量安全，以防残留超标从而影响饮用安全和出口。

6. 浸出率

浸出率指转入浸出液中的溶质量与物料原含溶质总量的比值，它与茶叶以及茶汤有关。

三、茶叶的质量标准与认证

为了应对茶叶市场的需要，茶叶企业的认证包括产品认证（无公害茶叶、绿色食品茶叶和有机茶认证）和体系认证（ISO 9001、ISO 22000、HACCP 等），通过第三方的认证，保证了茶叶产品的质量，促进了茶叶整体质量的提高，扩大了我国茶叶的出口贸易市场，提高了国际声誉，维护了广大消费者的利益。

无公害茶叶是指在无公害生产环境条件下，按特定的生产操作规程生产，成品茶的农药残留、重金属含量和有害微生物等污染物指标，卫生质量指标达到国家有关标准要求，对人体健康没有危害。内销符合国家规定允许的标准，外销符合进口国家、地区有关标准的茶叶。无公害茶叶生产，要合理用药，提倡农业防治和生物防治。无公害茶叶是依据生产过程中化学合成物质控制程度以及茶叶产品中化学合成物质残留量的多少而划分的。

绿色食品茶是根据我国国情于 20 世纪 90 年代初提出绿色食品生产、加工标准进行生产加工的，产品面向国内市场，是由专门机构认定的、使用绿色食品标志的产品。绿色食品为 AA 级和 A 级，AA 级绿色食品茶与有机茶要求相近，在生产过程中不得使用化学合成物质。A 级绿色食品虽可使用化肥、农药等化学合成物质，但有严格的标准，包括环境质量标准，生产操作规程，产品标准（质量标准和卫生标准）等相关标准。

有机茶是根据国际有机农业运动联盟（IFOAM）制定并发布的《有机生产和加工基本标准》进行生产加工的，产品面向国内外市场，按要求经过认证机构审查颁证、获得有机茶标识的茶叶。主要特点是在生产过程中禁止使用人工合成肥料、农药、除草剂、食品添加剂等化学合成物质，不受重金属污染。

危害分析与关键控制点（HACCP），是一种国际认可的、保证食品免受生物性、化学性及物理性危害的预防体系。HACCP 是对原料、各生产工序中影响产品安全的各种因素加以分析，确定加工过程中的关键环节，建立并完善监控程序和监控标准，采取有效的纠正措施，将危害预防、消除或降低到消费者可接受水平，以确保食品加工者能为消费者提供更安全的食品。1997 年，世界粮农组织和世界卫生组织（FAO/WHO）下属的食品法典委员会（CAC）重新修订了《危害分析和关键控制点体系及其应用准则》，为各国 HACCP 体系的应用和推广提供了框架。美国在低酸性罐头、水产品、肉类等食品行业实施强制性的 HACCP 管理，取得了显著效果，引起了国际上许多国家广泛的关注和效仿，并逐步把 HACCP 转为强制性要求，如欧盟、加拿大、韩国、新加坡等。HACCP 体系作为预防性的食品安全质量控制体系，其推行已成为国际食品业的发展趋势和必然要求。

我国于 20 世纪 90 年代引入 HACCP 管理体系，经过多年的发展，HACCP

体系已经在我国茶叶及食品等相关行业得到了广泛建立和应用，也取得了良好的效益。多数获证企业通过认证，建立了合理完善的 HACCP 管理体系，对规范自身生产行为、提高管理能力和产品质量、增强市场竞争力起到了积极有效的推动作用。

四、茶叶质量安全评价标准

茶叶质量安全评价包含感官品质评价、理化品质评价和安全指标评价，对应有相应标准。

（一）感官品质评价

感官品质是茶叶的外在品质，属于茶叶的商业性质。主要依靠感官检验来确定，根据专业审评人员正常的视觉、嗅觉、味觉、触觉感受，使用规定的评茶术语，或参照实物样对茶叶产品的感官属性（外形、汤色、香气、滋味、叶底五项因子，外形又分为形状、整碎度、净度、色泽四项）进行评定，需要时还可以评分表述。

茶叶感官评审必须依赖敏锐、熟练的评茶员，因此评审结果将受场所、评茶员的健康状况、评茶员的主观原因、知识水平以及经验等的影响。目前利用科学仪器还难以将茶叶感官品质的优劣进行量化。

现行的感官评价标准有 GB/T 23776—2018《茶叶感官审评方法》、SB/T 10157—1993《茶叶感官审评方法》、GB/T 8311—2013《茶　粉末和碎茶含量的测定》

（二）理化品质评价

理化品质是茶叶的内在质量，主要依靠仪器检测来判定。

目前常见的茶叶理化指标有水分、灰分、水浸出物、粗纤维、水溶性灰分、酸不溶性灰分和水溶性灰分碱度等。水分和灰分直接关系到茶叶的质量安全，水分含量过高，茶叶贮藏性差，不仅感官品质易发生改变，而且易变质，存在较大的安全隐患。

（三）安全指标评价

茶叶的安全评价指标主要包括污染物残留限量和农药残留限量。食品污染物是食品在生产（包括农作物种植、动物饲养和兽医用药）、加工、包装、贮存、运输、销售等过程中产生的或由环境污染带入的、非有意加入的化学性危害物质。GB 2761—2017《食品安全国家标准　食品中真菌毒素限量》中规定了我国食品中真菌毒素的限量要求，GB 2762—2017《食品安全国家标准　食品中污染物限量》中规定了除农药残留、兽药残留、生物毒素和放射性物质以外的化学污染物的限量要求。我国对食品中农药残留限量、兽药残留限量、放射性物质限量另行制定相关食品安全国家标准。

最大残留限量（Maximum Residue Limit，MRL）现代定义是：农药在某农产品、食品、饲料中的最高法定允许残留浓度，是指优良农业措施（GAP）下使用农药时，可能在食物中产生的最高残留浓度。国际上制定农产品及食品中农药最大残留限量通行的程序是根据农药的毒理学和残留化学实验结果，结合本国居民膳食结构和消费量，对因膳食摄入农药残留产生风险的可能性及程度进行量化评价。主要包括四个步骤：①确定农药每日允许摄入量（ADI）或急性参考剂量（ARfD）；②确定规范残留试验中值（STMR）和最高残留量（HR）；③进行膳食摄入评估（包括长期和短期膳食摄入评估）；④推荐农药最大残留限量。

第二节　茶叶理化检测

茶叶理化检测是应用物理、化学的方法对有关因子进行测定，来评定茶叶的品质。这个方法使用仪表检测，受人为因素影响小，可靠性较大，可进行定量分析，可以客观地反映茶叶的优劣与等级，也是茶叶加工中的重要技术手段。

一、茶叶国内外检测指标

（一）国内检测指标

目前，我国制定了水分、总灰分、游离氨基酸总量、茶多酚、咖啡因、粉末和碎茶含量、粗纤维、水不溶性灰分碱度、酸不溶性灰分、水溶性灰分和水不溶性灰分、水浸出物和磨碎试样的制备及其干物质含量等茶叶理化品质成测定的方法标准 28 项；制定了茶叶中多种有机氯农药残留量检验、有机磷及氨基甲酸质农药残留量、代森锌类农药总残留量和黄曲霉毒素 B$_1$、铅、铜、镉等茶叶安全性指标检验方法标准 12 项；制定了茶叶取样方法、抽样方法、茶叶样品制备、茶叶感官审评基本条件等检验基础标准 5 项；茶叶感官审评术语、茶叶包装检验规程和保健茶检验通则等其他检验方法标准 6 项。

（二）国外检测指标

1. 欧盟标准
欧盟茶叶检测的特点是种类多、标准严、范围广及更新频繁等。其中明确

MRL 值的有 455 种，不予授权、禁用的有 677 种，因此，欧盟茶叶中规定有 MRL 值的农药种类和在欧盟范围内停止生产、使用、销售的农药名单总共 1018 种化合物。标准严体现在规定最小检出量的种类占总种类超过 88%。在范围上，除了规定农药化合物，还包括一些农药代谢物、助剂成分等。茶叶中常见残留农药目录由欧盟茶委会根据茶叶中农残变化的情况在每年春季会议上更新。

2. 国际食品法典委员会（CAC）标准

CAC 标准一贯坚持对化合物采用风险性评估的原则，根据化合物的毒性数据，评估和制定农药的每日允许摄入量（ADI）和急性毒性参考剂量（ARfDs），制修订其每日允许摄入量，再评审各国按照新老农药品种的使用中采用良好农业规范所提交的监督残留试验数据，评定和推荐制定法典食品中农药最大残留限量值。

此外，日本、印度、斯里兰卡等国家也同样有相关的检测指标。

二、茶叶检测标准

（一）茶叶法定检测项目的检测标准

1. 水分

水分检测采取直接干燥法，依据 GB 5009.3—2016《食品安全国家标准 食品中水分的测定》。

利用食品中水分的物理性质，在 1atm（101.3kPa），温度 101~105℃下采用挥发方法测定样品中干燥减失的重量，包括吸湿水、部分结晶水和该条件下能挥发的物质，再通过干燥前后的称量数值计算出水分的含量。

2. 水不溶性灰分碱度

水不溶性灰分碱度检测依据 GB/T 8309—2013《茶 水溶性灰分碱度的测定》。

3. 粉末和碎茶

粉末和碎茶检测依据 GB/T 8311—2013《茶 粉末和碎茶含量的测定》。

（二）茶叶品质常用检测标准及方法

1. 水浸出物

水浸出物检测依据 GB/T 8305—2013《茶 水浸出物测定》

用沸水回流提茶叶中的水可溶性物质，再经过滤、冲洗、干燥、称量浸提后的茶渣，计算水浸出物含量。

2. 粗纤维

粗纤维检测依据 GB/T 8310—2013《茶　粗纤维测定》。

用一定浓度的酸碱消化处理试样，残留物再经灰化、称量。由灰化时的质量损失计算粗纤维含量。

在重复条件下同一样品获得的测定结果的绝对差值不得超过算术平均值的 5%。

3. 咖啡因

咖啡因检测采取高效液相色谱法，依据 GB/T 8312—2013《茶　咖啡碱的测定》。

茶叶中咖啡因经沸水和氧化镁混合提取后，经高效液相色谱仪、C_{18} 分离柱、紫外检测器检测，与标准系列比较定量。

4. 儿茶素和茶多酚

儿茶素和茶多酚检测依据 GB/T 8313—2018《茶叶中茶多酚和儿茶素类含量的检测方法》。

（1）茶叶中儿茶素类的检测采取高效液相色谱法（HPLC）。

茶叶磨碎试样中的儿茶素类用 70% 的甲醇水溶液在 70℃ 水浴上提取，儿茶素类的测定用 C_{18} 柱、检测波长 278nm、梯度洗脱、HPLC 分析，用儿茶素类标准物质外标法直接定量，也可用 ISO 国际环试结果儿茶素类与咖啡碱的相对校正因子（RRFstd）来定量。

（2）茶叶中茶多酚的检测采取分光光度法。

茶叶磨碎样中的茶多酚用 70% 的甲醇水溶液在 70℃ 水浴上提取，福林酚试剂氧化茶多酚中—OH 基团并显蓝色，最大吸收波长为 765nm，用没食子酸作校正标准定量茶多酚。

5. 游离氨基酸总量

游离氨基酸总量检测依据 GB/T 8314—2013《茶　游离氨基酸总量的测定》。

α-氨基酸在 pH 8.0 条件下与茚三酮共热，形成紫色络合物，用分光光度法在特定的波长下测定其含量。

（三）茶叶常用安全性检测标准

1. 各类茶叶卫生指标检测依据

各类茶叶卫生指标检测依据 GB/T 5009.57—2003《茶叶卫生标准的分析方法》。

2. 有机杂环类农药残留量

有机杂环类农药残留量检测依据 GB 23200.26—2016《食品安全国家标准

茶叶中9种有机杂环类农药残留量的检测方法》。

3. 六六六、滴滴涕残留量

出口贸易中的六六六、滴滴涕残留量检测依据 SN/T 0147—2016《出口茶叶中六六六、滴滴涕残留量的检测方法》。

4. 多种有机磷农药残留量

检测依据 SN/T 1950—2007《进出口茶叶中多种有机磷农药残留量的检测方法　气相色谱法》。

（四）茶叶其他标准

1. GB/T 18797—2012《茶叶感官审评室基本条件》

本标准规定了茶叶感官审评室的基本要求、布局和建立。

本标准适用于审评各类茶叶的感官审评室。

2. NY/T 2102—2011《茶叶抽样技术规范》

本标准规定了茶叶原料、毛茶及产品抽样的术语和定义、要求和抽样方法。

本标准适用于茶叶原料、毛茶及产品的检验抽样。

3. SN/T 3133—2012《进出口茶叶检验规程》

本标准规定了进出口茶叶抽样、检验和检验结果的判定规则及处置。

本标准适用于进出口茶叶的检验。

参考文献

[1] 夏涛. 制茶学 [M]. 3版. 北京：中国农业出版社，2016.

[2] 梁月荣. 现代茶叶全书 [M]. 北京：中国农业出版社，2011.

[3] 屠幼英. 茶与健康 [M]. 北京：世界图书出版公司，2011.

[4] 贵州省茶叶研究所，贵州省茶叶学会. 贵州茶叶科技创新发展报告 [M]. 贵阳：贵州科技出版社，2012.

[5] 牟春林，沈强，郑文佳. 不同摊放时间后提香对绿茶品质的影响 [J]. 贵州农业科学，2010，38（7）：186-189.

[6] 袁英芳. 绿茶杀青技术研究概述 [J]. 茶叶通讯，2010，37（1）：37-39.

[7] 翁开振，翁丽娟，吴加旺. 福鼎白茶加工关键技术研究 [J]. 现代食品，2019（17）：50-52.

[8] 徐明珠. 加工工艺对红茶品质的影响及新技术的应用 [J]. 中国茶叶加工，2010（4）：33-35.

[9] 吴学进，陈克，揭国良，等. 红茶加工过程萎凋和发酵工序技术研究进展 [J]. 中国茶叶加工，2018（4）：17-23.

[10] 王俊青. 安顺高山红茶初制加工技术 [J]. 农业与技术，2013（6）：242；249.

[11] 王俊青. 小叶红茶不同加工技术指标对品质的影响研究 [J]. 蚕桑茶叶通讯，2019（4）：16-18.

[12] 舒华，王盈峰，张士康，等. 遮荫对茶树新梢叶绿素及其生物合成前体的影响 [J]. 茶叶科学，2012，32（2）：115-121.

[13] 朱旗，谭济才，罗军武. 日本碾茶生产与加工 [J]. 中国茶叶，2010，32（3）：7-9.

[14] 朱小元，宁井铭. 黄茶加工技术研究进展 [J]. 茶业通报，2016（2）：74-79.

[15] 王俊青，袁文，陆靖. 贵州生态黑茶多元价值分析及"一带一路"发展策略 [J]. 中阿科技论坛，2020（13）：117-118.

[16] 王俊青，陆靖，袁文. 贵州生态黑茶制作工艺探讨 [J]. 中国食品工业，2020（11）：112-114.